생명살이를 위한 24절기 인문학
때를 알다 해를 살다

생명살이를 위한 24절기 인문학

때를 알다 해를 살다

유종반 지음

작은것이 아름답다

입춘

우수

경칩

춘분

청명

곡우

입하

소만

망종

대서

소서 하지

입추

처서

백로　　　　　　추분

한로

상강

입동

소설

대설

동지　　　　　　　　　　　소한

대한

졸참나무
일 년 절기살이 모습

겨울눈-3월

새잎-4월 초

꽃-4월 중순

열매-7월 초

열매-8월 말

열매-10월 말

열매 움트기

열매 겨울나기

벼리

1. 생명살이를 위한 절기살이

32 1. 절기와 절기살이
46 2. 절기와 절기생태 공부
60 3. 절기살이의 의미
65 4. 절기살이의 물음

2. 24절기 절기살이

70   입동·소설 | 허울 벗어 놓고, 겨울 만들어 겨울 준비하고
86   대설·동지 | 깊게 고요하게, 헤아리고 돌아보고
98   소한·대한 | 힘차고 단단한 생명의 씨앗으로
115 입춘·우수 | 누구에게나 봄은 오지만 아무에게나 봄은 아니야
129 경칩·춘분 | 어서 깨어나 이제 봄이야
145 청명·곡우 | 맑은 봄날 생명 씨앗 사랑으로 고이 심자
172 입하·소만 | 햇볕은 생명의 힘, 사랑의 손길
188 망종·하지 | 햇볕은 쨍쨍, 열매는 무럭무럭
208 소서·대서 | 더위야 더위야 뭐하니
226 입추·처서 | 열매 속에 차곡차곡 햇살 가득 채워 두자
243 백로·추분 | 익히고 익는다는 것은 무엇일까
271 한로·상강 | 열매 잘 익혀 나누고, 자기 색깔 드러내고

294 주요 참고 도서와 자료 목록

개정판을 내면서

절기 생태 인문학, 책인 ≪때를 알다 해를 살다≫를 출판한 지 4년이 지났습니다. 책을 출판하자마자 발생했던 코로나19 팬데믹도 끝나고 예전 삶으로 돌아가고 있습니다. 하지만 기후변화에 의한 기후 재앙이 인류를 더욱 심각한 위기로 몰아가고 있습니다.

지구에서 인간이 지금처럼 살아갈 수 있을 날이 얼마나 남았을까요? 비영리 기후 연구기관인 클라이밋 센트럴이 2023년 11월 9일 발표한 보고서에 따르면 2022년 11월부터 2023년 10월까지 지구 평균기온이 산업화 이전(1850~1900년) 수준보다 1.32도 상승해 '가장 더운 12개월'을 기록한 것으로 나타났습니다. 기후 대재앙이 시작되는 2.0도 상승을 막기 위한 마지노선 1.5도까지 이제 0.18도밖에 남지 않았습니다. 지금처럼 우리에게 별다른 삶의 변화가 없다면 빠르면 2030년이나 늦어도 2050년이면 거주 불능의 지구가 되고 말 것입니다.

이제 우리는 어떻게 될까요? 아니 우리 아이들과 그 아이들은 어떻게 될까요? 우리는 무엇을 어떻게 해야 할까요? 어차피 끝장날 것으로 생각하고 흥청망청 소비하면서 멸망의 날만 기다리고 있어야 할까요?

지난 몇 년 동안 수백만 명의 목숨을 빼앗아 인류를 공포에 떨게 했던 코로나 바이러스도, 대형 산불과 극심한 가뭄, 대홍수, 북극과 남극의 빙하 소멸과 해수면 상승, 급속한 생물 멸종 같은 엄청난 자연 파괴와 생태계 재앙도 모두 자연 흐름을 거스르며 살아왔던 반자연, 반생명 인간 생활과 인류 문명의 결과들입니다. 즉 자연 흐름인 절기대로 살지 않은 우리 삶의 대가입니다.

 절기를 알고 절기대로 살아야 하는 것은 인간 생명 설계도가 절기를 따르도록 만들어졌기 때문이기도 하지만 이것이 우리의 최선의 삶이기 때문입니다. 인류에게 심각한 영향을 미친 팬데믹처럼 우리를 위협할 기후 대재앙을 막고 멸종 위기에 처한 지구 생명과 우리가 함께 생존하기 위해 우리는 반드시 절기를 따라 살아야 합니다.

 초판을 발행한 뒤 지속해서 절기 관찰과 절기 공부와 교육, 스스로 절기살이를 통해 더욱 깊어진 이해와 성찰을 이번 개정판에 담았습니다. 이해하기 어려운 부분을 좀 더 알기 쉽게 다듬고, 표현이 잘못되거나 어색한 단어와 문장은 수정 보완했습니다.

 이 개정판 역시 완결본은 아닙니다. 아니 완결본이 될 수 없습니다. 자연, 생명, 삶에 대해 인간의 이해와 서술은 결코 완벽할 수 없기 때문입니다. 특히 24절기에 대한 인문학적 이해는 보는 이에 따라 서로 다른 지식과 경험으로 다양한 해석이 가능합니다. 앞으로도 24절기에 대한 이해와 해석은 더 새로워질 것으로 생각합니다.

 누구보다도 아이를 기르는 부모와 아이들을 가르치는 교사들이 이 책을 꼭 읽고 아이를 기르고 가르치는 데 도움이 되면 좋겠습니다. 이 책을 쓰고 이야기 나누면서 때를 모르고 살아왔던 지난 삶을 돌아보며 많이 반성했습니다. 이미 지나가 버린 때는 다시 되돌릴 수 없으니 그때를 놓친 후회가 매우 컸습니다. 그런 후회와 반성을 다음 세대가 반복하지 않도록 이 책을 쓰고 여기저기 절기 이야기하러 다니고 있습니다. 무엇보다도 우리 아이의 삶에 큰 영향을 주는 부모와 교사들에게 이 책을 적극 권하고 싶습니다. 왜냐하면 24절기는 일 년을 24개 기간으로 나눈 옛사람들의 단순한 생활력이나 농사력이 아니고 인생의 방향과 목적을 제대로 알게 해주는 삶의 내비게이션이고 사용설명서와 같기 때문입니다.

 참고로 아이들을 위한 절기 놀이책 ≪놀자 놀자 해랑 놀자≫, ≪만나보자 놀아보자 24절기≫. 절기 그림동화 ≪도토리할아버지 왜 춥고 더운 거예요≫, 절기살이와 생명살이 절기 시집 ≪시절인연 시절연인≫도 함께 보면 아이들 절기 생태교육에 많은 도움이 될 것이라고 생각합니다.

 2024년 초록 가득한 소만 절기에

개정판을 내면서

절기
이야기를
시작하면서

어른들은 아이들에게 '언제 철들래' '너는 철부지구나' 하는 말을 곧잘 쓴다. 사리분별 없이 앞뒤 사정도 모르고 생각 없이 행동할 때 흔히 '철이 없다. 철 좀 들어라' 한다. 하지만 이 책에서 '철'은 사리분별 없는 생각이나 행동이란 뜻보다는 때의 이치를 말한다. 우리가 일상에서 쓰는 봄철, 여름철, 가을철, 겨울철 같은 철이다.

그럼 '철이 든다. 철을 안다'는 건 무엇인가? 때를 안다는 것이다. 다시 말하면 때의 의미와 이치를 알고 산다는 것이다. 지금 어느 때인지, 이때 내가 무엇을 하고 살아야 하는지를 알고 사는 것이다.

나무는 한 해 동안 철 따라 산다. 겨울에는 추운 기운으로 씨앗 속 생명력을 강하게 하여, 봄에는 따뜻한 햇빛의 기운으로 잎과 꽃을 피워 자기 열매를 만들고, 여름에는 뜨거운 더위로 그 열매를 잘 키워, 가을에는 이슬과 서리의 찬 기운으로 열매를 제대로 익혀 나눈다.

나무처럼 사람도 겨울 인생, 봄 인생, 여름 인생, 가을 인생 철마다 자기가 살아야 할 그때 모습이 있고, 그 모습을 만들어야 할 책임이 있다. 철을 안다는 것은 나무처럼 자기 때를 알고 자기 모습으로 성장하여 자기다움을 성숙시키는 것이다.

나는 지금 어느 때인가? 지금 나는 어떤 모습으로 살아가야 하는가? 그 모습을 이루기 위해 나는 무엇을 해야 하는가? 이를 아는 것이 바로 철든 삶이다. 나는 정말 철들었는가?

왜 우리는 철들어야 할까? 철은 때, 절기라는 말이다. 인간을 비롯한 모든 자연 생명들은 철을 알고 살도록 진화했다. 진화는 생명체가 자신의 생명설계도를 변화하는 자연환경 속에서 잘 적응하며 살아가도록 그려나가는 일이다. 나무가 때마다 잎을 내고 꽃을 피우고 열매를 익히는 것도 철마다 그렇게 살도록 설계됐기 때문이다. 온전한 삶을 위해 생명설계도를 그려 나갈 때 가장 큰 영향을 미치는 것이 바로 기후환경이다. 변화하는 기후환경에 잘 적응해야 생명을 온전하게 이어갈 수 있다.

표준국어대사전에서 절기란 '한 해를 스물넷으로 나눈, 계절의 표준이 되는 것'이라고 설명하고 있는데 절기는 한 해를 스물넷으로 구분한 단순한 시간 나눔이 아니다. 절기력은 단순히 한 해 날짜를 계산하는 달력이 아니다. 농사를 짓기 위함이라는 설명도 불충분하다. 왜냐면 절기는 농사짓기 이전부터 있었기 때문이다.

그래서 절기는 내 생명설계도를 이해하는 최적의 열쇠다. 내 몸과 내 삶의 설계도가 바로 절기(우주자연 기운의 흐름)에 의해 만들어졌다는 것이다. 나는 어떻게 살도록 만들어졌을까? 답은 절기 속에 있다. 내 몸이 어떻게 만들어지고, 내가 어떻게 살도록 만들어졌는지 모르고 산다면 어찌 제대로 살아간다고 말할 수 있을 것인가?

이 책은 겨울절기부터 시작한다. 절기를 공부하면서 깨달은 것은 한 해의 절기는 봄, 여름, 가을, 겨울 순이 아니라 겨울, 봄, 여름, 가을 순이라는 것이다. 모든 일은 준비 없이 시작할 수 없다. 준비 없이 시작하면 반드시 열매 없이 끝나고 만다. 겨울은 준비하는 기간이다. 다음에 올 봄에 꽃 피어 열매 맺고 여름에 열매를 키우고 가을에 열매를 익히기 위한 힘을 만드는 기간이 겨울이다. 겨울에 생명력을 강하게 만들어야 봄, 여름, 가을에 제 삶을 살아내고 제대로 익은 열매를 만들어 낸다.

인간은 봄으로 태어나 가을로 생을 마감한다. 인간에게 겨울은 부모며 조상이고 자신의 역사와 문화다. 더 나아가 자신을 있게 한 우주 자연이다. 좋은 부모와 조상, 위대한 역사와 문화, 그리고 건강하고 아름다운 우주 자연이 있을 때 나의 봄과 여름과 가을은 제대로 만들어질 수 있다.

철들자. 철을 알고 살아가자. 절기를 제대로 공부하려면 두 글자의 의미를 잘 아는 것이 중요하다. 하나는 '節氣'에서 '氣', 또 하나는 입동 입춘 입하 입추의 '立節氣'에서 '立'의 의미다.

철들고 철을 알고 살아가야 하는 이유는 때는 나를 기다려주지 않기 때문이다. 때를 놓치면 안 된다. 농부가 봄에 씨앗을 준비하지 못해 제때 뿌리지 않는다면 가을에 열매를 거둘 수 없는 것처럼, 때는 미리 알고 준비하는 자의 것이다. 누구에게나 봄은 오지만 아무에게나 봄은 아니기 때문이다.

이 책은 실험실에서 쓴 책이 아니다. 때의 흐름과 그 때에 맞게 살아가는 자연 생명들의 삶을 통해 본 '절기살이 인문학'이다. 수학과

과학처럼 누구나 같은 대답이 나올 수 없다. 이 책을 읽는 누구나 서로 다른 생각과 이야기를 만들어낼 수 있다는 말이다.

이 책은 저자의 독창적인 생각이 아니다. 책 맨 뒤에 쓴 것처럼 절기 인문학적 상상력에 도움을 준 많은 책이 있다. 이러한 책들의 도움과 오랫동안 인천녹색연합에서 생명운동을 하면서 자연생태를 관찰하고 공부한 결과다.

예부터 내려온 24절기를 세분화한 72절후 이야기는 순전히 자연생태를 중심으로 쓰였다. 그래서 자연생태를 모르면 절기를 깊게 이해할 수 없다. 자기 삶을 사랑하고 고민하거나 자연생태를 깊게 알고자 한다면 절기를 공부할 것을 권하고 싶다.

마지막으로 힘든 여건 속에서 흔쾌히 이 책을 내준 생태환경잡지 〈작은것이 아름답다〉 편집부에게 깊은 감사를 드리고, 오랫동안 절기생태 공부를 함께한 생태교육센터 이랑 여러 선생님에게도 깊은 고마움을 전한다.

1

생명살이를 위한 절기살이

자연이 아름다운 것은

자연이 아름다운 것은
있는 그대로 자연스럽게
살아가고 있기 때문이요

자연이 아름다운 것은
타고난 그대로 자기를 잃지 않고
살아가고 있기 때문이요

자연이 아름다운 것은
홀로 살아가지만 더불어
살아가고 있기 때문이요

자연이 아름다운 것은
자기대로 살아가지만 한 몸으로
살아가고 있기 때문이요

자연이 아름다운 것은
욕심과 집착 없이 매순간 최고로
살아가고 있기 때문이요

자연이 아름다운 것은
어디에도 머물지 않고 늘 새롭게
살아가고 있기 때문이다

1
절기와 절기살이

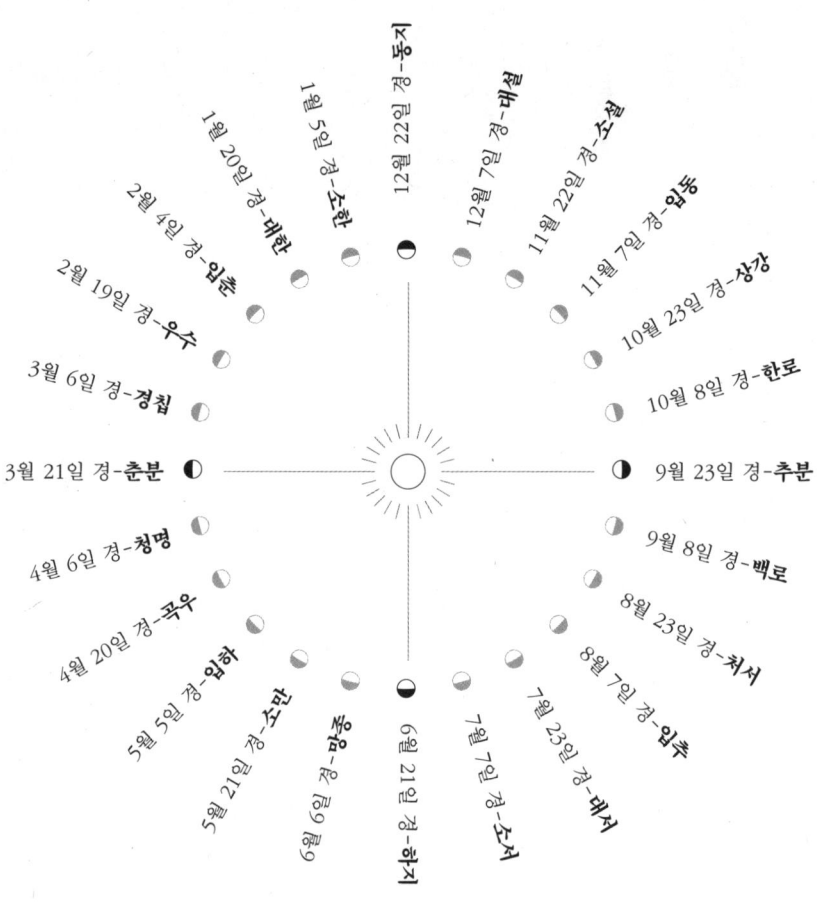

절기(節氣)의 의미

표준국어대사전은 절기란 '한 해를 스물넷으로 나눈, 계절의 표준점이 되는 것'이라 설명한다. 이런 절기 해석은 본래 뜻이 아니라고 생각한다. 절기는 한자로 한 해의 시간을 일정한 기간으로 나누는 '節期'가 아니라 '節氣'이기 때문이다. 氣(기)란 때의 기운을 뜻한다. 절기를 節期로 이해한다면 겉으로 보이는 단순한 시간 흐름으로 아는 것이고, 에너지 흐름인 節氣로 이해한다면 보이지 않는 생명 현상으로 아는 것이다.

절기란 한해를 단순히 스물네 개의 기간으로 나눈 것이 아니다. 24절기는 해로부터 나오는 햇볕(힘) 양에 따라 나눈다. 햇볕이 가장 많을 때를 하지라고 부르고, 햇볕이 가장 적을 때를 동지라고 부른다. 햇볕은 단순한 뜨거운 열기가 아니라 생명을 낳고 기르고 살리고 살아가게 하는 생명 에너지라고 할 수 있다. 햇볕을 만들어내는 해(태양)도 단순한 불덩어리가 아니라 생명을 낳고 기르고 살리고 살리게 하는 생명(힘)의 근원이다. 그래서 24절기(節氣)는 일 년 동안 햇볕(해)이 만들어 낸 자연 흐름이자 생명 에너지의 흐름이기 때문에 힘(기운)을 의미하는 '절기(節氣)'로 표기한다.

24절기는 해와 햇볕의 24개의 다른 이름이다. 나무를 중심으로 보면 햇볕(해)은 씨앗 생명력을 응축시켜 강하고 단단하게 하는 추위로 나타나며(겨울), 봄에는 꽃을 피워 자기 열매를 만드는 따뜻함으로 나타나고 여름에는 봄에 만든 아기 열매를 키우는 더위로, 가을에는 열매를 잘 익혀 다른 생명과 나누도록 찬 기운(이슬과 서리)으로 나타난다.

46억 년 지구 역사를 보면 지구가 생성된 뒤 지금까지 태양에너지 변화와 화산 폭발과 빙하기 같이 엄청난 기후변화가 있었다. 지구 모든 생명은 변화무쌍한 기후변화(절기)에 맞춰 살아남기 위해 자신의 생명유전자를 계속 새롭게 설계해 왔다. 이것이 진화다. 모든 생명의 유전자 정보(DNA) 형성에 큰 영향을 준 것이 바로 기후환경인 절기라고 할 수 있다.

우리와 같은 인류인 호모사피엔스는 약 20만 년 전 지구에 등장했는데 빙하기 뒤로 지금처럼 따뜻해진 기후는 약 1만 2000년 전부터다. 이 시기를 홀로세라고 하는데 그전보다 기후변화가 매우 작아 안정기라 할 수 있다. 기후가 안정되자 정착 생활을 하게 됐고, 씨앗을 뿌리고 가꾸는 농경 문명을 이뤘다. 지구 기후변화는 인류에 너무나 큰 영향을 미쳤고 4대 문명 같은 인류 문명 발달과 흥망성쇠의 직간접 원인이 됐다.

이처럼 인간을 비롯한 모든 생명이 지구 기후, 곧 절기대로 살아가도록 진화되고 생명유전자가 설계됐다. 이렇듯 우리는 유인원부터 시작된 수백만 년의 생명설계도에 따라 자연 흐름에 맞춰 살아왔다.

이것이 나를 비롯한 인간과 다른 생명이 살아가야 할 순리에 따르는 생명법이고, 우주 자연의 섭리이며, 모든 생명살이의 참모습이다. 마치 집 구조를 알려면 집 설계도를 제대로 알아야 하는 것과 같은 이치다. 곧 절기를 아는 것이 곧 나를 아는 것이다. '철들었다, 철이 없다'는 말은 자연의 흐름, 기후변화의 흐름인 절기(때)를 알고 사느냐 아니냐 하는 것이다. 아무리 나이가 들어도 절기와 그 의미를 모르고 사는 것이 '철부지' 삶이다.

노자 도덕경(25장)에도 인간은 땅을 본받고(人法地) 땅은 하늘을 본받고(地法天), 하늘은 도를 본받고(天法道), 도는 자연을 본받는다(道法自然)고 나와 있다. 곧 인간은 자연을 본받는다(人法自然). 법(法)이란 '우주 자연의 섭리'라는 의미와 함께 '본받는다'라는 말이다. 이는 '섬긴다', '속한다'는 말이다. 인간은 자연을 섬기고 자연에 속했을 때 가장 온전한 존재라고 할 수 있다.

그렇다면 모든 생명설계도에 큰 영향을 준 절기는 언제 어디서 누가 만들었을까? 오늘날 24절기 유래는 약 1만 년 전 농경사회가 시작된 중국 주나라 때, 약 3천 년 전 화북지방(베이징이 포함된 중국 북부지방)에서 시작되어 현재 중국·한국·일본에서 주로 농사력으로 쓰고 있다. 흔히 절기력이라 하면 농사력을 떠올리는데 사실 농사를 위해 절기가 생긴 것이 아니다. 농사를 짓다 보니 절기를 알게 되었고 절기대로 농사를 지어야 한다는 것을 알게 되어 농경사회에서 맨 먼저 절기력이 만들어지게 됐다.

절기는 태양을 중심으로 만들어진 '태양력'이다. 흔히 절기를 세시풍속인 명절로 혼동하여 음력으로 생각하는데 절기는 세시풍습이 아니다. 절기가 태양력 중심이지만 해마다 똑같지 않고 조금씩 다른 이유는 지구가 타원형으로 공전하면서 정확하게 365일 도는 것이 아니라 365일보다 5시간 48분 더 길게 공전하여 4년마다 366일 윤년을 두고 있기 때문이다. 지역마다 계절이 다른 이유는 지구축이 약 23.5도 기울어져 돌고 있기 때문이다. 절기날은 지난해와 하루 정도 차이 날 수 있어 해마다 한국천문연구원에서 작성해 발표하고 있다.

24절기에는 한 절기를 세 개로 세분한 72절후(節候)가 있다. 72절후는 한 절기 15일을 5일씩 초후, 중후, 말후로 나눈다. 5일이 자연 변화의 최소 단위이자 이에 따른 인간 삶의 리듬이기 때문이다. 1년을 72절후로 나눈 것은 중국 한(漢)의 책력에서 비로소 보이는데 그 명칭과 내용이 시대와 학자에 따라 구구하여 일치하지 않는다. 본 글의 절후 내용은 세종 26년인 1444년에 편찬한 〈칠정산 내편〉에 따랐는데 약 600년이 지난 요즘 실제 절기 현상하고 다른 것이 많다.

절기에서 한 해 시작을 언제로 해야 할까? 대다수 나라에서 양력 1월 1일은 새해 시작으로 여기지만 절기상 큰 의미는 없다. 우리가 새해 첫날로 여기는 1월 1일은 기원전 153년 로마시대 집정관의 취임식을 기념하는 날이라고 한다. 절기로 따지면 한 해 시작은 농사를 기준으로 보면 봄이 시작되는 입춘(立春)이라고 할 수 있다. 하지만 하늘(해)을 기준으로 보면 해가 죽다 살아난다는 동짓날이 한 해의 끝이자 새해의 시작이라고 할 수 있다.

절기의 중심은 해(해님)

절기 중심은 해다. 태양과 지구 자전과 공전의 관점에서 보면 24절기는 땅 위를 지나가는 해의 발걸음(黃道)으로 지구가 태양을 한 바퀴 도는 데 걸리는 시간(365일)을 스물네 개 구간으로 표시한 것이다. 24절기는 태양의 운동에 뿌리를 둔다. 춘분점(春分點, 태양이 남쪽에서 북쪽으로 향해 적도를 통과하는 점)으로부터 태양이 움직이는 길인 황도를 따라 동쪽으로 15도 간격으로 나눠 24점을 정했을 때, 태양이 그 점을 지나는 시기를 말한다. 다시 말하면 천구상에서 태양의 위치와 황도가 0도일 때 춘분, 15도일 때 청명, 300도일 때 대한이다.

지구 생명 탄생의 기원에 대해 아직까지 명확하게 밝혀지지
않았지만 생명의 출현과 생존 활동에 해의 영향은 매우 컸을 것이다.
어떤 생명도 해(햇볕과 햇빛)가 없으면 태어나거나 살아가기 매우
어렵다. 생명이 탄생하고 살아가기 위해서는 해의 힘이 반드시
필요하기 때문에 해는 단순한 불덩어리라고 생각할 수 없다. 해는
모든 자연 생명을 낳고 살아가게 하는 존재이므로 존칭어를 붙여
'해님'이라고 부를 수 있다. 해를 해님으로 부르는 것은 자연 생명을
낳고 살아가게 하는 생명 에너지를 내어주기 때문인데 해님은 단지
물리적인 힘만 있는 것이 아니다. 해님이 인간 부모와 같이 자연
생명이 잘 살아가도록 깊이 보살피고 배려한다는 것을 절기 현상
곳곳에서 찾아볼 수 있다.

예를 들면 절기를 준비하는 입절기(입춘, 입하, 입추, 입동)가
있는데 본 계절의 한 달 앞에 있다. 이것은 때를 미리 알고 준비하여
놓치지 말고 제대로 살라는 해님의 배려가 아닐까? 그리고 봄 오기
전 겨울잠 자는 생명을 깨우기 위해 입춘에 봄바람으로, 우수 때
봄비로 봄이 왔음을 미리 알려서 경칩 절기에 일제히 깨어나게 한다.
혹 깨지 않은 생명 있을까 봐 춘분 때는 그해 천둥 번개를 쳐서
빠짐없이 깨어나게 한다. 따뜻한 봄 왔다고 나대지 말고 힘든 겨울
잊지 않고 조심조심 살라고 꽃샘추위도 있게 한다.

겨울 오기 전 이슬과 서리로 겨울 옴을 알리고 낙엽을 떨구어 겨울
잠자리를 마련해 준다. 겨울잠 자는 생명이 엄동설한에 얼어 죽을까
봐 따뜻한 이불로 눈을 내려주고 삼한사온으로 지치지 않고 살아가게
한다. 삼한사온으로 땅을 얼렸다 녹였다 반복하여 땅을 부드럽게
만들고 새봄에 나오는 새움 길을 만들어 준다. 그래서 해님은 우주
안에 존재하는 모든 생명의 근원이고 모든 생명을 살아가게 하는

생명의 힘이라고 할 수 있다. 해님이 생명을 낳고 기르고 살리는 인간 부모와 같다면 햇볕은 인간들이 살아갈 때 가장 필요로 하는 사랑(생명)의 힘이라 할 수 있다. 왜냐하면 자연 생명이 살아가는데 햇볕이 가장 많이 필요하기 때문이다. 그래서 해님의 햇볕에 의해 태어나고 살아가는 모든 자연 생명은 또 다른 해님의 얼굴이고 이름이라고 할 수 있다.

봄, 여름, 가을, 겨울 사계절과 24절기 역시 또 다른 해님의 이름이다. 해님은 2월부터 4월까지 3개월 동안 봄이라는 이름으로 나타나고, 5월부터 7월까지는 여름, 8월부터 10월까지는 가을, 11월부터 1월까지는 겨울이라는 이름으로 나타난다.

봄날 해님은 입춘, 우수, 경칩, 춘분, 청명, 곡우라는 이름으로, 여름날 해님은 입하, 소만, 망종, 하지, 소서, 대서라는 이름으로 나타난다. 가을날 해님은 입추, 처서, 백로, 추분, 한로, 상강이라는 이름으로, 겨울날 해님은 입동, 소설, 대설, 동지, 소한, 대한이라는 이름으로 나타난다.

해님의 햇볕으로 먼저 나무(식물)속으로 들어가면 열매 맺어 익기 위해 다양한 모습으로 나타난다. 절기 흐름을 나무 중심으로 나누면 일 년을 주기로 해의 기운인 햇볕을 받아 열매(씨앗)를 만들면서 재생 순환 반복하며 변화한다. 겨울 동안 강한 추위(눈과 얼음)는 씨앗 속에 생명력을 응축시켜 봄 되면 일제히 싹이 트고 꽃이 피어 열매로 나타난다. 봄을 스프링(spring)이라 부르는데 겨울에 큰 추위로 봄에 생명력을 강하게 폭발하도록 하기 때문이다. 만약 겨울 추위가 없다면 스프링(봄 생명력)을 압축시키지 못해 봄이 되어도 생명력은 강하게 튀어 오르지 못할 것이다.

봄은 열매를 잘 만드는 때이다. 생명 씨앗을 심어 꽃을 피우고 꽃가루받이함으로써 비로소 내 열매가 만들어진다. 여름은 내 열매를 잘 키우는 때이다. 뜨거운 더위(햇볕)가 열매 속을 채워서 제 모양과 제 크기대로 열매를 키워나간다. 가을은 찬 기운인 이슬로 제 빛깔, 제 맛, 제 향기가 가득한 달콤하고 풍성한 열매로 익혀 나누는 때이다. 다시 겨울 동안은 강한 추위로 열매 속 씨앗 생명력을 단단히 응축시키며 봄을 그리워하는 마음으로 새봄을 준비한다. 겨울은 응축과 수렴의 과정이고, 생명력이 최대한 강하게 발아하도록 압축하는 과정이다. 개구리가 멀리뛰기를 위해 웅크리는 것과 같은 의미다.

결국 절기살이란 해님을 품고 해님 마음으로 해님처럼 사는 것이다. 해님의 햇볕(생명사랑)을 품고 햇볕(생명사랑)을 나누며 햇볕(생명사랑)으로 사는 것이다. 절기는 옛사람들의 단순한 생활력이나 농사력이 아니라 인간을 비롯한 자연에서 살아가는 모든 생명이 꼭 알고 지켜야 하는 생명법이자 생명살이 이치이다.

절기와 절기살이

절기는 보이지 않는 해의 기운(햇볕)이 24절기 자연 흐름을 통해 열매로 드러난 것이다. 이처럼 모든 생명은 자신의 생명력과 함께 우주 자연의 기운인 햇볕을 잘 받아야 온전하게 생존과 번식을 할 수 있다. '하늘은 스스로 돕는 자를 돕는다'라는 말처럼 우주 자연의 생명의 기운을 잘 받느냐 못 받느냐는 생명체 자신의 책임이다. 자연의 흐름은 누구에게나 공평하므로 생명 기운의 흐름을 잘 알고 때에 맞춰 그 리듬대로 살아야 최적의 삶을 살 수 있다. 그것이 바로 절기살이다.

절기살이란 절기(때)를 바로 알고 미리 준비하며 살아가는 철든 삶이다. 자연과 싸워 이기려고 하지 않고 자연의 순리대로, 순응하며 자연을 닮고 우주 자연의 기운을 받고 살아가는 삶이다. 자연을 인간에게 맞추는 것이 아니라 인간이 자연에 맞춰 사는 것이다.

절기살이란 나와 다른 생명들이 서로 잘 통(通)하는 삶이고, 나와 우주 자연의 흐름이 서로 잘 통하는 삶이다. 그래서 생명들이 자연 흐름에 따라 자기 씨앗을 심고 그 열매를 키워가는 생명살이 과정이다. 또한, 절기살이는 농부가 자연 흐름에 맞추어 씨앗을 뿌리고 열매를 거두듯, 생명들이 자연의 기운을 얻어 자연과 함께 살아가는 삶이다. 사실 농부는 씨앗을 뿌릴 뿐 키우고 열매를 맺게 하는 것은 우주 자연이다. 그러므로 절기살이는 나와 우주 자연이 함께 살아가는 생명살이 참모습이다. 절기살이가 바탕이 될 때 모든 생명은 자기 생명력이 최적화되고 극대화된다.

절기살이를 간단히 요약하면 이렇다. 첫째, 해님처럼 햇볕(생명사랑)으로 햇볕을 나누며 사는 삶. 둘째, 생명의 설계도 바탕인 절기(자연 흐름)에 맞게 사는 삶. 셋째, 절기 의미를 알고 미리 절기를 준비하여 매 절기마다 매듭지으며 사는 삶. 넷째, 생명의 근원인 자연 속에서 자연과 함께 하는 삶. 끝으로 자연 안의 모든 생명처럼 늘 새롭게 사는 삶(지금 여기에 사는 삶)이다.

이처럼 인간은 수백만 년 동안 진화에 의해 만들어진 생명설계도대로 절기에 따라 살도록 되어 있지만, 문제는 그 절기 흐름이 조금씩 무너지고 있다는 것이다.

가장 큰 예로 기후변화로 인한 생물종 감소, 특히 벌 같은 곤충의 감소는 식물과 열매에 의지해 살아가는 동물과 인간의 생존에

크나큰 위협이다. 급속한 산업화로 이산화탄소 같은 지구온난화 물질이 과도하게 배출돼 1만 2천 년 동안 유지해온 기후안정이 무너지고 있다. 최근 100년 동안 지구 평균 기온이 1도 상승했는데 2도까지 상승하면 지구 자정력이나 회복력을 잃는 임계점에 도달한다고 한다. 2018년 인천 송도에서 개최된 '기후변화에 관한 정부간 협의체(IPCC)'에서는 1.5도 넘게 오르면 인류 생존의 위기가 도래한다고 경고한 바 있다. 2024년 2월 현재 1.54도 상승하였으니 최후 마지노선인 1.5도를 초과하고 말았다. 앞으로 지구평균 온도가 2도 상승할 경우, 하나뿐인 지구는 거주 불능의 땅이 되어 인간에 의한 여섯 번째 멸종의 시대를 맞게 될 것이다. 이제 인류는 함께 사느냐 죽느냐 선택의 순간을 눈앞에 두고 있다. 기후변화를 다룬 책 조천호의《파란하늘 빨간지구》에 따르면 '절기(기후)는 우리가 아는 세계고, 날씨는 우리가 경험하는 세계다. 기후는 장기 균형상태지만 날씨는 그 균형에서 벗어나는 단기 일탈을 뜻한다. 그래서 기후는 지속해야 하고 날씨는 변해야 한다.'고 말한다. 기상학자들은 기후는 성품이고 날씨는 기분이라고 한다. 지금까지 지구에서 기후변화가 여러 차례 일어났지만 자연 스스로 복원해 왔다. 하지만 지금 일어나는 기후변화는 인간이 일으킨 것이다. 변화가 너무 급격해 지구 복원력 한계를 넘어 인류를 스스로 위기에 빠지게 하고 있다. 이젠 절기에 맞게 살아가는 것도 쉽지 않게 됐다.

　인간의 무한 욕망과 경제성장은 꿀 바른 독약 같다. 우리는 지금 선택해야 한다. 경제성장과 발전만을 행복과 성공의 척도로 여기며 살아가다 공멸할 것인가, 아니면 생명설계도에 따라 살며 자연의 흐름을 제대로 지켜낼 것인가? 지금 우리의 최대 화두와 과제는 기후변화 위기를 막는 일, 인간에게 가장 안정된 삶의 환경을 준

홀로세의 절기 흐름을 지켜내고 절기대로 살아가는 일이다.

절기와 건강

우리 몸은 거짓말을 하지 않는다. 몸은 주변에서 일어나는 모든 순간의 경험을 낱낱이 기억하고 그대로 기록하면서 드러내기 때문이다. 통증이나 병은 살면서 축적된 몸의 기록을 전하는 신호다.

조선 명의 허준은 인간의 병은 천지기운의 변화 탓에 생겨나며 핵심은 '절기'라고 했다. 그래서 병을 고치는 것도 절기 흐름에 따르면 된다고 한다. 서울대 홍윤철 교수도《질병의 종식》에서 '질병이란 오랫동안 수렵채집인으로 살아온 인간 유전자가 문명화 뒤 급변한 환경에 적응하지 못한 채 발생한 사태다. 현재 우리가 가진 유전자 대부분은 과거(수백만 년 전) 인류 조상이 살던 수렵채집 시기 생활환경에 적응된 유전자로 지금의 생활환경에는 적응성이 크게 떨어져 질병이 발생하게 된다'라고 하면서 '질병 원인은 유전자의 생활환경(절기 흐름) 부적응의 결과, 즉 자연환경과의 여러 가지로 얽힌 상호관계에서 발생한다'라고 말한다.

왜 야생동물은 가축의 질병에 잘 걸리지 않을까? 왜 극심한 폭염에도 야생 나무 열매는 마르거나 떨어지지 않을까? 왜 인간은 사는 것이 힘들고 자주 아플까? 그것은 절기에 어긋나는 삶, 자연(생명)과 서로 통하지 않는 삶을 살기 때문이다. 우주 자연의 흐름에 맞춰 물 흐르듯 살아가야 하는데 우주 자연의 기운과 조화롭지 않게 그 흐름을 거스르며 살기 때문이다.

도시에 사는 많은 사람들은 자연을 거부하거나 거스르면서 산다.

여름엔 뜨겁게, 겨울엔 춥게 살아야 하는데 때를 무시하고 철없이
산다. 태양의 리듬에 따라 낮에 일하고 밤에 푹 쉬어야 하는데 밤낮을
뒤바꿔 몸과 맘이 피폐한 삶을 산다. 인간 몸은 우주와 하나여서
절기에 맞춰 살아야 하는데 이를 무시하니 탈이 생기고 생명이
부실해진다. 현대인의 병은 자연이 결핍된 탓에 생긴다. 결국 자연이
사람을 살린다.

  우리 몸의 야성이 살아 있다면, 우주 자연의 기운을 제대로 받고
자랐다면 몸이 원하지 않는 것이나 생명을 빼앗으려는 것을 스스로
가려낼 수 있다. 일본에서는 진흙 속 메기가 날뛰면 지진이 난다고
한다. 개미도 홍수 때를 미리 알고 집을 옮기고, 배 안에서 사는 쥐도
난파 위험을 미리 알고 배에서 빠져 나온다고 한다. 소도 자기가
먹고 죽을 풀은 먹지 않다. 그런데 스스로 만물영장이라고 자만하는
인간은 어떠한가? 잘못된 양육과 자연을 떠난 삶으로 생명이
길들여져 야성을 잃어버리고, 천지의 기운을 받지 못해 위험조차
감지하지 못한다. 죽을 때까지 철부지로 사는 것이다.

  먹는 것도 그렇다. 제때 우주 자연의 기운을 받아 자라난 제철
음식(해와 자연이 키운)을 먹어야 하는데 아무 때나 인간의 욕심을
따라 비료나 농약으로 억지로 키워 생명력이 사라진 음식을
먹으니 몸이 허약하고 각종 질병에 쉽게 걸리게 되는 것이다.
무늬만 음식이지 생명에 힘을 주지 못한다. 밥은 음식이자 약이다.
약(藥)이란 '즐거움을 주는 풀, 신나게 하는 음식, 우주 자연의 기운을
받아 자라는 풀, 곡식'이라는 뜻이다.

절기와 운명

절기는 우리 운명의 비밀과도 관계가 있어 운명을 제대로 이해하려면 절기를 깊게 공부할 필요가 있다. 운명이란 태어날 때(씨앗이 싹틀 때)부터 지닌 서로 다른 생명체 모양, 기질, 성질, 체질에 따라 만들어진 팔자 같은 것이다.

생명 본성이란 모든 생명에 들어 있는 공통된 씨앗이다. 제 모습대로 살고자 하는 성질, 스스로 살아가려는 성질, 그리고 서로 주고받으며 함께 살아가려는 성질이다.

인간의 씨앗은 부모가 만든다. 부모가 언제 어떤 생각으로 자식을 만드느냐에 따라 자식의 운명이 결정된다. 부모의 힘이 크다는 말이다. 절기로 보면 부모는 자식에게 생명을 준비하는 겨울절기와 같다. 그렇다면 미혼일 때 우주 자연의 이치인 절기 공부를 제대로 하면 좋을 것이다.

고미숙의 《동의보감》을 보면 인간을 자연의 아바타라 설명한다. '인간의 정기신은 자연의 아바타이고 인간의 오장육부는 정기신의 아바타'라고 말한다. '인간은 자연의 기운과 흐름에서 벗어날 수 없으며 생로병사는 사계절의 흐름이고 자연보다 훌륭한 멘토는 없다. 삶은 계절의 리듬에 맞추는 것'이라고 한다.

사람은 어머니 뱃속에서 탯줄을 끊고 나와 호흡하는 순간 우주 자연의 기운이 들어와 내 몸, 내 운명이 작동하기 시작한다. 하루 일상도 태양의 리듬을 따라가는 것에 시작해야 한다. 이처럼 인간의 삶과 운명은 우주 자연 즉 절기와 깊은 관계가 있다. 사주명리학에서 해달일시, 즉 사주를 중요시하는 이유는 그때 절기가 내 사주팔자를 정하기 때문이다.

- 통(通) -

모든 생명은 서로 잘 통해야 잘 살지요
생명살이는 나와 다른 생명들과
절기살이는 나와 우주 자연이
서로 잘 통하는 삶이지요

몸이 아프고 맘이 아픈 것도
이웃이 아프고 세상이 아픈 것도
뭇 생명들이 아프고 지구 자연이 아픈 것도
서로가 잘 통하지 않아서이지요

삶은 관계 맺음 연속이지요
통은 관계 맺음 바탕이지요
통은 소통과 공감 존중과 배려 나눔과 어울림이지요
조화로운 관계 맺음으로 삶은 결실되지요

삶 열매는 공부와 수행으로 익어가지요
어떻게 하면 잘 통할 수 있을까 알아가는 것이
잘 통하기 위해 끊임없이 애쓰는 것이
바로 올바른 삶 공부요 참 수행이지요

우리 살아가는 동안
언제나 묻고 또 물어야 하지요
나는 너와 다른 생명들과 자연 흐름과
막힘없이 서로 잘 통하고 있는지 말이지요

2
절기와 절기생태 공부

절기의 이해

　절기는 자연을 넘나드는 현상으로 인간의 이성과 지식으로 전부를 알 수 없다. 현대과학이 발견한 것은 우주 구성의 4퍼센트에 불과하다고 한다. 그것도 이론일 뿐이다. 철학은 망치로 해야 한다는 니체의 말대로 인간의 기존 인식 틀을 깨야 절기를 이해할 수 있고, 21세기 탈모더니즘의 선구자 보르헤스의 말대로 모든 것을 알 수 있다는 인간 이성의 촛불을 꺼야 밤하늘의 별 같은 자연의 흐름인 절기를 제대로 볼 수 있게 된다.
　절기 공부는 해님과 생명의 관계에 대한 앎이다. 해님이 만든 햇볕에 의해 모든 생명들이 태어나고 자라고 살아가기 때문이다. 내가 살아가기 위해 반드시 필요한 물과 공기, 밥은 누가 만드는가? 식물이 만든다. 그 식물은 해님이 만든다. 그러므로 나는 해님 없이 살 수 없는 존재다. 이것을 아는 것이 절기 공부다.
　절기를 어떻게 이해해야 할까? 먼저 자연 흐름이나 생명 현상을 인간 중심의 생각과 가치를 기준으로 생각해서는 안 된다. 인간의 지식과 이성으로 모두 느끼거나 알 수 없기 때문이다. 지금 우리가 알고 있는 절기는 기존 상식과 선입견으로 어느 한 부분을 전체로 알고 이해하는 것과 같다. 사실 아무리 뛰어난 인간이라 해도 인간의 지능과 지식으로 우주 자연의 모든 것을 보고 알고 느끼고 깨달을 수 없다. 자신의 지식과 선입견을 깨야 천지 자연을 제대로 볼 수 있다.

절기 이름은 저마다 다르지만 서로 연결돼 흐르고 순환하고 있으므로 하나로 이해해야 한다. 절기는 대나무와 같다. 대나무는 마디마디가 서로 연결되어 한 몸을 이룬다. 절기 역시 스물네 개 매듭으로 만들어진 한 해 자연 흐름이다. 봄은 여름, 여름은 가을, 가을은 겨울과 연결돼 있고, 겨울은 봄과 연결돼 있다. 계절과 절기는 앞뒤 계절을 한 흐름으로 읽고 이해해야 제대로 알 수 있다.

마디 끝마다 있는 매듭으로 커다란 제 몸을 지탱하는 대나무처럼 절기도 매듭이 있다. 절기마다 매듭을 잘 지어야 한 해를 잘 만들 수 있다. 대나무 마디마디가 서로 연결되어 살아 있는 하나의 몸을 이루듯 절기도 24절기가 서로 연결돼 일 년 자연의 흐름을 만들어 낸다.

늘 새롭게 우리에게 아름다운 세계를 보여주는 자연은 위대한 영화와 같다. 어떤 영화일까? 영화 제목은 해님 마음이 담긴 "우리는 해님 가족, 함께 나누며 살자", "나눔밖에 우린 몰라" 이런 것이 아닐까? 한 편의 영화가 만들어지려면 감독과 배우와 각본이 있어야 한다. 24절기는 영화의 각본과 같다.

감독은 누구일까? 바로 자연의 흐름을 이끌어가는 해님이다. 주연 배우는 누구일까? 자연 생명 가운데 가장 해님의 햇볕처럼 사는 존재인데 바로 나무(식물)이다. 나무만큼 자신을 내어 다른 생명을 살리는 존재가 있을까? 얼마나 내어주고 비우고 살면 나무라는 이름도 나무(나無/내가 없다?)일까? 다음 조연은 누구일까? 나무 다음으로 자신을 내어 다른 생명을 살리는 존재, 그 생명 없으면 살아갈 수 없는 존재는 벌레다. 그래서 벌레가 1급 조연이고, 개구리가 2급 조연, 새 같은 생명이 3급 조연이라 할 수 있겠다.

그렇다면 인간은 자연에서 어떤 존재인가? 다른 생명에 비해 주는 것보다 얻어 살고 있으니 막내 조연일 것이다. 그런데 지금 인간은 자기 역할을 잊고 자연이란 영화를 함부로 망치는 악당 행세를 하고 있다. 인간은 자연 생명 없이 살 수 없지만 자연 생명은 인간이 없어도 잘 살 수 있다는 걸 기억해야 한다. 심각한 기후변화 위기에 따른 엄청난 자연재해와 급격한 생물 멸종은 모두 우리 인간이 만들어 낸 결과이다.

24절기가 자연이란 영화의 각본이라고 말하는 것은 자연 생명이 모두 자연의 흐름인 절기대로 살아가고 있기 때문이다. 식물이 싹이 나고 꽃피고 열매 맺는 일도, 다양한 동물들이 짝을 짓고 새끼를 키우며 살아가는 것도 모두 24절기에 쓰인 그대로 살고 있기 때문이다. 그래서 24절기를 모르면 자연 생명의 삶을 이해하기 어렵다. 마치 배우들이 각본 따라 연기하듯 자연 생명은 24절기를 따라 살아간다. 물론 우리나라는 24절기가 뚜렷하지만, 그렇지 않은 지역에서도 나름대로 자연(기후) 흐름이 있으니 거기에 맞게 살아갈 것이다.

자연이나 절기를 잘 이해하고 살아가기 위해서는 첫째, 먼저 지금 나타난 절기 현상을 자세히 관찰하고, 둘째, 그 절기 현상이 왜 그때 나타나는지를 생각하고, 셋째, 그런 일이 일어난 절기와 그 의미(천기)를 헤아리고, 넷째, 그 절기가 나에게 던지는 물음과 답을 찾아내고, 다섯째, 절기 물음에 맞는 삶을 살아야 한다.

절기 매듭을 잘 짓는 것(열매)은 절기를 미리 알고 잘 준비하는 것이다. 절기가 우리에게 묻는 물음을 찾아 때에 맞게 살 때 절기 매듭이 만들어진다.

인생도 마찬가지다. 하루에는 아침, 낮, 저녁, 밤의 때가 있다. 때마다 끊어짐 없이 서로 연결된 흐름 속에서 하루 삶을 잘 매듭짓고, 일 년 삶도 봄, 여름, 가을, 겨울, 계절마다 연결된 때를 놓치지 않고 책임을 다해야 한다. 일생도 유년기, 청년기, 장년기, 노년기를 지나며 때를 알고 때에 맞는 삶을 살아야 한다. 하루 동안 때에 맞는 삶을 살지 못하면 하루 삶이 무너지고, 절기가 던지는 질문에 따라 자기 할 일을 하지 못하면 일 년 삶이 무너진다. 일생도 마찬가지다.

이것이 하늘이 절기를 통해 생명들에게 전하는 뜻이다. 그래서 자연(절기)은 무자천서(無字天書)와 같다. 모든 생명이 살아가야 할 생명법, 하늘의 뜻이 절기 속에 들어 있다.

절기생태 공부

절기생태 공부는 먼저 마음으로 알고(이해하고), 몸으로 느끼고, 삶으로 살아가는 공부다. 절기 흐름을 지식과 관찰과 느낌으로 이해하고, 우주 자연 이치에 따라 절기대로 살아가는 것이다. 농부처럼 씨 뿌리고 열매 거두는 삶 공부며, 자기 운명을 자연의 흐름에 맞게 최적화하면서 다른 생명과 조화롭게 살아가기 위한 노력이다. 운명을 최적화하는 공부는 우주 자연의 기운 속에서 나는 어떻게 태어났는지, 내 운명을 가장 좋은 상태로 만들어갈 수 있는 방법은 무엇인지 알기 위해 내 체질, 기질, 성질을 이해하고 상극인 것을 극복하고 상생인 것을 찾아내는 공부다. 순간마다 변하는 절기를 관찰하며 삶의 물음을 찾고 그 물음에 맞는 삶을 사는 일이다.

절기를 단순한 자연 현상의 흐름이 아니라 생명을 키워내고 살리고자 하는 뜻이 담긴, 생명사랑의 힘, 애니미즘(Animism)의 사고로 이해하고 느끼는 것이 중요하다.

절기살이를 위해 다음처럼 공부해 보면 어떨까?

첫째, 어제와 오늘의 차이를 관찰하고 느끼며 내일을 생각해 본다. 한 장소나 한 사물(이를테면 나무)을 지속해서 느끼고 관찰하며 기록한다. 그때의 소리, 빛깔, 향기(예를 들어 봄의 소리와 빛깔과 향기)를 느껴 본다.

둘째, 느끼고 관찰한 것을 글이나 이야기로 표현해 본다.

셋째, 절기대로 살아 본다. 해 뜨면 일어나고 해가 지면 잠을 자고, 제철에 제 땅 음식만 먹는다. 여름은 뜨겁게 더위가 되어 살고, 겨울은 춥게 추위가 되어 산다.

넷째, 일상생활에서 절기력을 사용한다. 지금은 어느 때인가? 어떤 일이 일어나고 있는가? 때가 나에게 던지는 물음은 무엇인가? 나는 때의 물음에 맞게 살고 있는가?

다섯째, 농사를 공부한다. 절기살이를 가장 잘하는 이는 농부다. 절기대로 살지 않으면 농사를 지을 수 없기 때문이다.

여섯째, 절기제를 해 본다. 입춘에는 봄맞이제, 입하에는 여름맞이제, 입추에는 가을맞이제, 동지에는 동지제 같이 자신, 가족, 모임에게 특별한 의미가 있는 절기에 맞춰 의미 있는 시간을 가져 본다.

일곱째, 삶 속에서 절기살이를 나눠본다. 하루, 한 해, 일생 단위로 나는 어떤 씨앗을 뿌리고 거둘지 스스로 질문해본다. 내 운명(기질, 체질, 성질)은? 내 씨앗을 어떻게 뿌리고 거둘까? 내 인생의 봄, 여름, 가을, 겨울절기에 뭘 할까?

절기와 기온

지구 자연은 살아 있는 거대한 생명체로서 자신의 체온을 늘 일정하게 유지하려고 한다. 여름엔 40도를 넘지 않게 하고 겨울엔 영하 20도를 넘지 않게 하여 생명 생존의 한계를 지키려 한다.

봄의 시작은 하루 평균 기온 5도 이상일 때다. 산개구리, 도롱뇽이 알 낳는 시기는 수온 5도 이상일 때다. 5도는 생명의 온도다. 5도 이하일 때 생명 현상이 아주 느리게 진행한다. 여름은 일 평균기온이 20도 이상일 때, 가을 시작은 일 평균 20도 아래, 최고 기온 25도 아래로 내려갈 때이고, 겨울은 일 평균 5도 아래일 때다.

사계절의 이해

봄, 여름, 가을, 겨울은 생장수장(生長收藏)의 의미다. 만물은 나고 자라서 열매를 거두고 저장한다. 씨앗에서 시작하여 씨앗으로 끝난다.

봄이란 '불(火)+옴(來), 불(해) 오다'는 의미다. 그리고 겨울 눈과 경칩의 눈 뜨임, 볼절기라는 의미다. 겨우내 언 땅 밑에 갇혀 살던

만물이 날씨가 풀리고 얼음이 녹자 머리 들고 땅 밖으로 나와 세상을 다시 본다.(양주동의 〈국어사전〉)

여름이란 '열매(불+달림) 열절기'라는 의미다. 불은 햇볕, 열매는 뜨거운 햇볕 뭉치라는 뜻으로 이해할 수 있다.

가을이란 '갈(봄여름의 성장이 겨울의 멈춤으로 바뀌는 변화의 시기), 익음, 갈절기('갓다'에서 유래), '끊다'(잘 익은 열매를 추수하다)라는 의미다.

겨울이란 '결, 울(생명이 응결, 응축) 결절기'라는 의미다. '겼다(집에 있다)'에서 유래했다고 한다.

절기 이름의 이해

계절의 변화로 입(立)절기는 시작 절기로 입춘은 언 땅이 녹아 풀리고, 입하는 새잎이 나고 더워지며, 입추는 땅이 식기 시작하고, 입동은 무성했던 잎이 지고 추워지기 시작한다. 기(基)절기는 계절의 중심이 되는 절기로 춘분, 하지, 추분, 동지다.

기후의 특징으로 소서, 대서, 처서, 소한, 대한(더위와 추위), 우수, 곡우, 소설, 대설(강수 현상), 백로, 한로, 상강(수증기의 응결-이슬과 서리)이 있다.

만물의 변화로 소만, 망종(작물의 성숙과 파종), 경칩, 청명(자연의 변화)이 있다.

월별 절기생태 공부 주제

월	절기	대상	주제
2	입춘 우수	성인	누구에게나 봄은 오지만 아무에게나 봄은 아니야
		아이	해님이 봄바람 봄비로 봄을 준비해요
3	경칩 춘분		
		아이	해님이 따뜻한 기운으로 잠든 생명 일깨워요
4	청명 곡우	성인	맑은 봄날 생명 씨앗 사랑으로 고이 심자
		아이	해님이 꽃을 피워 아기 열매 만들어요
5	입하 소만	성인	햇볕은 생명의 힘, 사랑의 손길
		아이	해님이 더위로 여름을 준비해요
6	망종 하지	성인	햇볕은 쨍쨍, 열매는 무럭무럭
		아이	해님이 더위로 열매를 무럭무럭 자라게 해요
7	소서 대서	성인	더위야 더위야 뭐하니
		아이	해님이 더위로 열매를 제 모양대로 키워요
8	입추 처서	성인	열매 속에 차곡차곡 햇살 가득 채워 두자
		아이	해님이 소나기로 가을을 준비해요
9	백로 추분	성인	익히고 익는다는 것은 무엇일까
		아이	아이 해님이 찬이슬로 열매 잘 익혀 나누게 해요
10	한로 상강	성인	열매 잘 익혀 나누고, 자기 빛깔 드러내고
		아이	해님이 서리 내려 계절을 크게 바꾸어요
11	입동 소설	성인	허울 벗어놓고, 겨울 만들어 겨울 준비하고
		아이	해님이 나뭇잎 떨어뜨리며 겨울을 준비해요
12	대설 동지	성인	깊게 고요하게, 헤아리고 돌아보고
		아이	해님이 다시 살아나고 한 해 마무리 지어요
1	소한 대한	성인	힘차고 단단한 생명의 씨앗으로
		아이	해님이 센 추위로 힘찬 씨앗생명 만들어요

24절기 절기생태 공부 주제

입춘(드는봄) : 봄은 어떻게 맞을까요?
우수(봄부름비) : 봄은 어떻게 준비하나요?
경칩(깨어날봄) : 왜 겨울잠에서 깨어나야 할까요?
춘분(온봄) : 봄은 어떤 계절일까요?
청명(맑은봄) : 무슨 꽃을 피울까요?
곡우(씨앗비) : 무슨 씨앗을 심을까요?
입하(드는여름) : 여름은 어떻게 맞을까요?
소만(초록가득) : 내 안에 무엇을 채울까요?
망종(풀가을) : 풀들은 왜 일찍 열매 맺나요?
하지(온여름) : 여름은 어떤 계절인가요?
소서(작은더위) : 더위는 왜 있을까요?
대서(큰더위) : 더위를 어떻게 보낼까요?
입추(드는가을) : 가을은 어떻게 맞을까요?
처서(가는더위) : 가을은 어떻게 올까요?
백로(묽은이슬) : 열매는 어떻게 익을까요?
추분(온가을) : 익은 열매는 어떤 모습일까요?
한로(된이슬) : 열매 속에는 무엇이 들어 있을까요?
상강(찬서리) : 단풍잎에는 무엇이 쓰여 있을까요?
입동(드는겨울) : 겨울은 어떻게 맞이할까요?
소설(물얼음) : 겨울은 어떤 계절인가요?
대설(함박눈) : 눈 속에 담긴 의미는 무엇일까요?
동지(온겨울) : 한 해를 어떻게 마무리할까요?
소한(센추위) : 추위는 왜 있을까요?

대한(끝추위) : 추위를 어떻게 보내야 할까요?

※ 절기교육 자료

- **절기의 우리말**

봄	여름	가을	겨울
입춘 - 드는봄	입하 - 드는여름	입추 - 드는가을	입동 - 드는겨울
우수 - 봄부름비	소만 - 초록가득	처서 - 가는더위	소설 - 물얼음
경칩 - 깨어날봄	망종 - 풀가을	백로 - 맑은이슬	대설 - 함박눈
춘분 - 온봄	하지 - 온여름	추분 - 온가을	동지 - 온겨울
청명 - 맑은봄	소서 - 작은더위	한로 - 된이슬	소한 - 센추위
곡우 - 씨앗비	대서 - 큰더위	상강 - 찬서리	대한 - 끝추위

- **열두 달 우리 이름** (출처: 〈작은것이 아름답다〉)

봄	설명
1월 해오름달	새해 아침 해가 힘차게 솟아오르는 달
2월 시샘달	잎샘추위, 꽃샘추위로 겨울의 끝달살이 달
3월 꽃내음달	남녘에서부터 봄꽃 소식이 들려오는 달
4월 잎새달	저마다 잎들이 초록빛깔로 다투어 우거지는 달
5월 푸른달	마음마저 푸르러지는 모든 이의 즐거운 달
6월 누리달	온누리에 생명의 숨소리가 가득 차고 넘치는 달
7월 빗방울달	초록 잎사귀들 신명 나는 장맛비 내리는 달
8월 타오름달	불볕더위로 하늘과 땅, 가슴조차 타는 달
9월 거둠달	가지마다 논밭마다 열매 맺고 거두는 달
10월 온누리달	누리 가득 달빛 그윽하여 넉넉한 달
11월 눈마중달	가을에서 겨울로 달려가는 첫눈 내리는 달
12월 맺음달	몸과 마음을 가다듬는 한 해의 끄트머리 달

- 절기이름 노래

(동요 '구슬비' 곡에 맞춰 녹색교육센터 개사곡)

〈봄 절기〉	〈가을 절기〉
따뜻한 봄 찾아 와요 입춘 얼음 녹고 새싹 나요 우수 개구리가 꿈틀꿈틀 경칩 낮이 점점 길어져요 춘분 맑은 하늘 봄~바람 청명 비가 와서 곡식 커요 곡우	비가 내려 가을 와요 입추 더위가고 가을바람 처서 송글송글 이슬 맺혀 백로 곡식과일 풍성해요 추분 찬이슬에 열매 익는 한로 서리 내려 단풍드는 상강
〈여름 절기〉	〈겨울 절기〉
더운 여름 시작돼요 입하 초록세상 가득해요 소만 보리 베고 벼 심어요 망종 해님이 높이 떠요 하지 햇볕 쨍쨍 열매 키워 소서 땀이 뻘뻘 무더워요 대서	잎이 지고 겨울와요 입동 얼음 얼고 첫눈 내려 소설 하얀 눈이 소복소복 대설 겨울밤이 깊어가요 동지 손이 꽁꽁 발이 꽁꽁 소한 추운겨울 이제 안녕 대한

세시풍속(歲時風俗)

세시풍속은 음력으로 월별 24절기와 명절로 구분되며 집집마다 촌락마다 또는 민족 관행에 따라 전승되는 의식, 의례행사와 놀이다. 오늘날 세시풍속은 예로부터 정해진 것은 아니며, 또 옛 문헌에 이름만 남아 있고, 대체로 챙기지 않는 것도 많다. 우리 민족으로부터 생겨나 전해지는 것도 있지만 크리스마스처럼 외국에서 건너온 것도 있다.

- 정월 행사

정월 초하루 설날에는 연시제를 지내며, 웃어른께 세배를 드린다. 떡국을 나눠 먹고 윷놀이를 한다. 주로 여자들은 '널뛰기'를, 남자들은 '연날리기'를 한다. 이른 아침 조리를 사서 벽에 걸어두거나 토정비결을 보기도 한다.

자정(子正)이 지나 15일이 되면 마을 제단에서 동신제를 지내고, 보름날 새벽에 귀밝이술을 마신다. 날밤, 호두, 은행, 잣 같은 부럼을 깨물고 약밥을 해먹는다. 악귀를 쫓고 한 해 무사하기를 빌며 사자놀음, 지신밟기, 들놀음, 매귀놀음을 한다. 풍년을 기원하며 줄다리기, 횃불싸움을 하고, 어촌에서는 풍어놀이를 한다. 밤에는 달빛을 보고 그해의 풍흉을 점치며, 다리가 튼튼해지기를 바라는 뜻에서 다리밟기를 한다.

- 2월 행사

2월 초하룻날은 정월 보름 전날 세운 볏가릿대 곡식을 풀어 솔떡을 해먹는다. 또 이 날은 한 해 가운데 대청소하는 날이다. 해안 지방에서는 초하루부터 20일 사이에 풍신제(風神祭)를 지내며 초엿샛날에는 좀생이와 달의 거리를 보며 길흉(吉凶)을 점쳐보고, 상정일(上丁日)에는 유생들이 문묘(文廟)에서 석전제(釋奠祭)를 한다.

- 3월 행사

3월 3일 '삼짇날'에는 화전(花煎)놀이를 하며, 한식에는 성묘를 한다. 활터에서 활쏘기를 하고, 그믐께는 '전춘(餞春)'이라 하며 음식을 장만해 산골짜기나 강가에 가서 하루를 즐긴다.

- 4월 행사

4월 초파일 '부처님 오신 날' 불자들은 절에서 큰 재(齋)를 올리고 전각에 등불을 켠다. 이달에는 시식(時食)으로서 찐떡·어채(魚菜)·고기만두를 해 먹는다.

- 5월 행사

5월 5일 단오(端午)에는 '단오차례'를 지냈고, 또 부녀자들은 창포(菖蒲) 삶은 물에 머리와 얼굴을 씻고 창포 뿌리로 비녀를 만들어 머리에 꽂고 그네뛰기를 하며, 남자들은 씨름을 즐겼다. 13일은 '대 심는 날'이고, 소녀들은 손톱에 봉숭아 꽃물을 들인다.

- 6월 행사

6월 15일 '유두(流頭)날'에는 음식을 장만해 산간 폭포에서 몸을 씻고 서늘하게 하루를 보낸다. 가정마다 유두면(流頭麵), 수단(水團), 건단(乾團), 상화(霜花)떡 같은 음식을 해 먹는다. 복중에는 '팥죽'을 쒀 먹고, 고사리와 묵은 나물을 넣어 '개장'을 먹고, '계삼탕(鷄蔘湯)'도 먹는다. 허리 아픈 노인들은 해안지대 백사장에 가서 '모래뜸질'을 하고, 빈혈증이나 위장병이 있는 이들은 약수를 마신다.

- 7월 행사

7월 7일 '칠석(七夕)'에는 햇볕에 옷을 말리고, 처녀들은 견우 직녀 두 별에 절하며 바느질이 늘기를 빈다. 15일 '백중(百中)'에는 백 가지 과일과 나물을 부처에게 공양한다. 또 우란분회(盂蘭盆會)를 성대히 베푼다. 농민들은 '호미씻이'를 하고, 음식을 장만해 산기슭 들판에서 농악을 울리며 하루를 즐긴다.

- 8월 행사

8월 상정일(上丁日)은 지방마다 유생들이 문묘에서 추기(秋期) 석전제를 지낸다. 15일 '한가위', '추석(秋夕)'에는 절사(節祀)를 지내고, 성묘를 한다. 송편, 시루떡, 토란단자, 밤단자를 만들어 먹는다.

- 9월 행사

9월 9일 중양절(重陽節)은 가정마다 '화채(花菜)'를 만들어 먹으며, 국화전(菊花煎)도 부쳐 먹는다. 또 음식을 장만해 교외 산야(山野)에서 하루를 즐기는 '풍국(楓菊)놀이'를 한다.

- 10월 행사

10월 '상달' 초사흗날, 선조의 무덤에 모여 시제(時祭)를 지낸다. 겨울철 부식 '김장'을 한다.

- 11월 행사

11월 동짓달, 팥죽을 쒀 먹는데 시식(時食)을 삼아 고사(告祀)도 하고 또 악귀를 제거하고자 죽물을 대문간, 대문 판자에 뿌린다.

- 12월 행사

12월 섣달, 마른 생선, 육포, 곶감, 사과, 배를 나누는 세찬(歲饌)을 지내고, 그믐에는 한 해를 점검하고 가정마다 새해 준비로 분주하다. 밤에는 집 안팎에 불을 밝히고, 남녀가 새벽이 될 때까지 자지 않고 밤을 새우는 '해지킴[守歲]'을 한다.

*[네이버 지식백과] 세시풍속 [歲時風俗] (두산백과) 참고

3
절기살이의 의미

절기살이는 천지 자연의 리듬에 맞춰 자연스럽게 사는 삶이다. 몸과 맘의 아픔이라든지 삶에서 일어나는 모든 고통의 원인은 자연의 리듬과 소통하지 못하고 서로 불화한 까닭이다. 건강한 삶이란 자연의 흐름 따라 리듬에 맞춰 추울 때는 추위가 되고 더울 때는 더위가 되는 삶이다.

때에 맞춰 최선을 다하며 사는 것이다

절기살이란 '지금 여기에서' 다른 생명과 서로 잘 소통하며 사는 삶이다. 과거에 붙들리지 말고 돌아오지 않는 미래에 희망을 걸지 말고 오직 '지금 여기에서' 최선을 다해 사는 것이다. 뭐든 지나가면 지나가게 하고 붙잡지 말라는 것이다. 지금 여기에 충실하면 다음은 절로 이어지고 맺어지기 때문이다. 나무가 잎을 낼 때 꽃과 열매를 생각하지 않고, 꽃이 필 때 열매를 미리 생각하지 않듯이 말이다.

때에는 반드시 그때 해야 할 일이 있다

일상에서도 먹고 입고 자는 때가 있듯이 삶에도 그때마다 할 일이 있다. 때를 놓치면 때는 반드시 우리에게 그 책임을 묻는다. 나에게 주어진 지금이 어떤 때이며, 무엇을 해야 하는지를 아는 것이 절기살이다. 중국 도연명의 시를 보면 때를 놓치면 때가 기다려주지 않는다고 했다.

성년불중래(盛年不重來)
    좋은 시절이 두 번 다시 오지 않는 것은
일일난재신(一日難再晨)
    하루에 두 새벽이 없는 것과 같다네
급시당면려(及時當勉勵)
    때맞춰 열심히 힘써야만 하리니
세월부대인(歲月不待人)
    세월은 사람을 기다려 주지 않는다네

때를 알아야 제대로 살아갈 수 있다

천지 자연은 무자천서(無字天書)라는 말이 있다. 절기마다 나타나는 모든 현상, 꽃 피고 열매 맺고, 매미와 새가 노래하고, 이슬 서리와 비바람, 햇볕 더위와 추위는 우연히 생겨난 것이 아니다. 생명들의 생존에 반드시 필요한 의미가 있다.
  절기살이는 그 현상들의 의미를 바로 알고 맞춰 사는 것이다.

노자는 '불출호 지천하(不出戶 知天下)'라 하여 때의 흐름을 알면 밖을 나가지 않고도 천지 흐름을 알 수 있다고 했다.

때는 준비하는 사람만이 자기 때로 만들 수 있다

'신은 호두를 주지만 껍질은 깨주지 않는다'는 독일 속담이 있다. 시간이란 절대적인 것이 아니라 상대적이다. 누구에게나 24시간이 주어지지만 아무나 24시간을 자기 시간으로 만들지 않는다.
절기살이란 누구에게나 주어진 시간을 나에게 특별한 의미로 만들어 온전한 내 삶의 시간으로 만드는 것이다. 24절기 가운데 절기를 미리 준비하라는 입절기(立節氣)가 있는 이유다.

때는 언제나 새롭고 변화한다

절기는 해마다 반복하지만 똑같지 않고 늘 새롭다. 절기 흐름은 늘 변화한다는 말이다. 절기가 봄부터 겨울까지 생성과 소멸의 순환을 반복하듯이 살아있는 것들은 반드시 성하면 쇠하는 생로병사의 흐름으로 존재한다는 것을 알아야 한다. 절기살이도 마찬가지다. 절기살이는 순환과 반복 속에서 늘 새롭게 사는 삶이다. 노벨문학상 수상자인 비스와바 쉼보르스카는 '두 번은 없다. 반복되는 하루는 단 한 번도 없다. 그러므로 날마다 새로운 그대가 아름답다'라고 했다. 날마다 새로워야 사는 날이지 새롭지 않으면 죽은 날과 같다. 절기로 산다는 것은 날마다 새롭게 사는 것과 같다. 살았으나 죽은 것과 같은 삶이 철부지, 철없는 삶, 철 모르는 삶이다. 인생은 경주가 아닌 여행이라고 한다. 그래서 현재(Present)는 선물(Present)이다.

때에 맞춰 살아야 한다

우리는 때에 맞춰 때에 맞게 살도록 설계돼 있다. 절기살이는 자연을 내게 맞추는 삶이 아니라 자연에 나를 맞춰가는 삶이다. 우리는 절기를 통해 하늘의 지혜를 얻는다. 절기, 나무나 숲, 자연 생명은 무자천서(無字天書)다. 자기밖에 모르고, 자기중심으로만 생각하며 살아가는 인간은 자신뿐만 아니라 다른 생명들을 힘들게 하고 못살게 한다.

자연 절기를 통해 보여준 하늘의 지혜는 사람과 모든 생명에게 생명력을 불어넣는다. 인간의 지식이 한때 머물다 지나가는 바람 같은 것이라면 하늘의 지혜는 온갖 씨앗을 움트게 하는 어머니 대지다. 모든 생명이 거기에서 움트고 꽃 피고 열매 맺기 때문이다.

- 절기살이 -

절기로 산다는 것은
절기와 한 몸 되어 사는 것이지요

겨울 오면 겨울 되어 열매 응축시키고
봄 오면 봄 되어 열매 맺고

여름 오면 여름 되어 열매 키우고
가을 오면 가을 되어 열매 익혀 나눠야 해요

- 때가 묻는다 -

겨울이 묻지요
겉치레 벗어놓고 찬 골방에서 고독으로
힘차고 당당한 생명씨앗으로 만들었느냐고

봄이 묻지요
제때 생명씨앗 심고 꽃피워
네 열매 제대로 만들었느냐고

여름이 묻지요
초록잎에 뜨거운 햇살 가득 모아
네 열매 제 모양 제 크기만큼 키웠느냐고

가을이 묻지요
제 빛깔 제맛 제 향기대로
네 열매 맛있게 잘 익혀 나누었느냐고

4
절기살이의 물음

절기는 늘 우리에게 묻는다. 절기살이는 절기가 우리에게 무엇을 묻는지, 그 물음을 들어야 한다. 그 물음에 제대로 답하며 살아가고 있는지 늘 살펴야 한다. '지금이 어떤 때(절기)이고, 어떤 절기 현상이 나타나는가? 그 절기 현상은 나에게 어떤 삶의 의미가 있는가? 그때 내가 해야 할 일은 무엇이며, 그때 나는 해야 할 일을 다 하고 있는가?'를 깨닫고 살아가는 것이 바로 철든 삶이다.

입춘 : 봄 의미를 알고 준비(씨앗)하고 있느냐? 立春이냐, 入春이냐?
우수 : 몸, 맘, 일을 부드럽게 풀고 있느냐?
경칩 : 깨어났느냐? 깨어남의 의미를 아느냐?
춘분 : 정말 네 봄이 맞느냐?
청명 : 너는 무슨 꽃을 피우고 있느냐?
곡우 : 네 열매를 잘 만들고 있느냐?
입하 : 여름의 의미를 알고 준비하고 있느냐?

소만 : 열매를 잘 키울 준비하고 있느냐?

망종 : 봄에 맺힌 열매를 잘 키우고 있느냐?

하지 : 더위의 의미를 아느냐?

소서 : 열매를 채워줄 더위는 무엇일까?

대서 : 열매를 네 모양 네 크기대로 잘 키웠느냐?

입추 : 가을의 의미를 알고 준비하고 있느냐?

처서 : 가을에 익힐 열매가 있느냐?

백로 : 무엇이 열매를 익히는지 아느냐?

추분 : 어떻게 해야 열매가 익어가는지 아느냐?

한로 : 네 열매 잘 익혀 나누었느냐?

상강 : 자기 빛깔 잘 드러내고 있느냐?

입동 : 겨울의 의미를 알고 준비하고 있느냐?

소설 : 겨울은 왜 추워야 하는지 아느냐?

대설 : 생명력을 응축시킬 화두와 골방이 있느냐?

동지 : 한 해를 잘 매듭지었느냐?

소한 : 네 씨앗 속에 생명력을 잘 응축시키고 있느냐?

대한 : 새봄을 위한 네 생명력이 잘 응축되었느냐?

- 그대는 듣고 있나요 -

그대는 듣고 있나요
이슬과 서리가 눈과 얼음이 자기 때마다
그대에게 묻고 있는 이야기들이 무엇인지

그대는 듣고 있나요
새싹과 잎이 꽃과 열매가 자기 때마다
그대에게 묻고 있는 이야기들이 무엇인지

2

24절기 절기살이

자연이 아름다운 것은

자기를
주장하지 않기
때문이요

자기를
내세우지 않기
때문이요

자기를
고집하지 않기
때문이지요

머물기보다
스스로 물러나기
때문이요

집착하기보다
스스로 내어주기
때문이요

쌓아두기보다
스스로 비워내기
때문이지요

입동과 소설 - 11월
허울 벗어놓고, 거울 만들어 겨울 준비하고

1.
입동과 소설은
어떤 절기인가

입동(立冬, 11월 7일쯤) / 드는겨울

'겨울(冬)에 들어선다(立)'는 입동은 이름만큼 춥지 않지만, 양기는 사라지고 음기가 강한 절기다. 상강 동안 양기는 모습을 감추고 입동이 되자 순음(純陰)의 기운이 가득해 세상 만물을 잠재운다. 이때부터 동물들은 굴이나 몸 피할 곳에서 겨울잠에 들고 나무들도 남은 잎사귀를 남김없이 떨어뜨리며, 풀들은 땅 위 몸체를 마르게 해 겨울을 난다. 땅도 얼어붙은 입동 뒤에는 모든 생명이 휴면에 들어간다. 겨울은 닫힌 문을 상징하는 음의 계절이다.

입동은 특별히 절일(節日)로 여기지 않지만 우리 겨울 생활과 상당히 밀접하다. 김장은 입동 전이나 직후에 해야 제맛이 난다. 입동이 지나면 싱싱한 김장 채소를 구하기 어렵고, 일하기가 어려워지기 때문이다. 이때 시장에는 무, 배추가 가득 쌓이고 옛날에는 냇가에서 무, 배추 씻는 풍경이 장관을 이루기도 했다. 요즘에는 기후변화 탓에 12월에야 김장을 하며 입동 즈음엔 별로 하지 않는다.

입동 날씨로 점을 치기도 하는데 '입동보기'라고 한다. 전라남도에서는 입동 날씨를 보고 그해 겨울 날씨를 점쳤는데 입동 날 추우면 그해 겨울은 몹시 춥다고 했다. 경남 도서지방에서는 입동에 갈까마귀가 날아온다 했고, 밀양에서는 갈까마귀 배에 흰색이 보이면 이듬해 목화가 잘 된다고 했다. 제주도에서도 입동에 날씨가 따뜻하지 않으면 그해 바람이 독하다고 했다.

이 시기에 보통 고사를 지낸다. 10월 10일에서 30일 사이에 햇곡식으로 시루떡을 쪄서 토광(땅 움푹 파인 곳), 터줏간지, 씨나락섬이나 외양간에 고사를 지내고 농사에 애쓴 소와 이웃집과도 나눠 먹는다.

- **입동 절후 현상**

  초후에는 물이 비로소 얼고, 중후에는 땅이 처음으로 얼어붙으며, 말후에는 꿩이 드물어지고 큰 물에서는 조개가 잡힌다.

- **요즘 입동 절기 현상**

  *아래 요즘 절기 현상은 글쓴이가 주로 관찰한 수도권 지역임

  • 천둥 번개 치고 비가 온 뒤 낙엽이 많아진다.
  • 미세먼지와 황사가 심해진다.
  • 아직 무당거미 살아있으며 모기는 많다.

- 서리와 안개가 많이 낀다.
- 두루미와 기러기가 계속 찾아온다.
- 곤줄박이가 때죽나무 열매를 나무나 땅속에 숨겨 놓는다.
- 이상기후로 개나리, 진달래 같은 봄꽃이 피어있다.
- 나팔꽃이 더 이상 피지 않는다. (중후)
- 아침에 영하로 내려가고, 첫눈이 내릴 때가 있다. (말후)

소설(小雪, 11월 22일쯤) / 물얼음

 소설은 차츰 겨울다워지면서 첫눈이 내리고 얼음이 살포시 얼어붙기 시작하는 시기이다. 소설 중후 즈음 얼음처럼 강한 서리가 내려 풀들은 대부분 얼어 죽지만 별꽃이나 냉이 같은 풀은 살아 있다. 무당거미 같은 곤충들도 이 무렵 거의 얼어 죽고 눈에 띄지 않는다.

 소설 무렵인 음력 10월 20일께 관례로 심한 바람이 불고 날씨가 차가운데 이때 부는 바람을 손돌바람이라고 불렀다. 손돌바람에 대한 전설이 있다.

 고려 때 전란이 일어나 왕이 강화도로 파천하게 됐는데, 배가 통진(通津)과 강화 사이(후에 손돌목이라 했다)에 이르렀을 때 풍랑이 일어 위험해지자 뱃사공 손돌이 왕에게 일단 안전한 곳에 쉬었다 가는 것이 좋겠다고 아뢰었다. 그러자 왕은 파천하는 처지라 모든 것이 의심스러운 터에 그런 말을 고하므로 그를 반역죄로 몰아 참살했다. 그러자 광풍이 불어 뱃길이 매우 위태로워졌다. 할 수 없이 신고 가던 왕의 말 목을 베어 죽은 손돌의 넋을 제사하니, 바다가 잔잔해져 무사히 강화에 도착했다 한다. 어떤 이는 '손돌목'은 사람 이름이 아니라 수로가 협소하다는 '솔돌목'이라고 한다.

이처럼 소설 무렵에는 얼음이 잡히고 땅이 얼기 시작해 점차 겨울 기분이 들고 제법 춥지만, 그래도 낮엔 따뜻한 햇볕이 간간이 내리쬐고 아늑하기도 해서 소춘(小春)이라고도 불린다.

- 소설 절후 현상

    초후에는 무지개가 자취를 감추고, 중후에는 천기가 올라가고 지기가 내리며, 말후에는 폐색(閉塞 닫히고 막힘)되어 완연한 겨울이 된다.

- 요즘 소설 절기 현상
    - 첫눈이 오고 아침에는 영하로 내려간다.
    - 풀잎이 얼어 죽고 잎이 거의 다 떨어진다.
    - 천둥 번개 돌풍과 비가 내릴 때가 있다.(손돌바람)
    - 기온 급격히 내려가 한파주의보가 내린다.
    - 미세먼지와 황사가 심하다.
    - 아직 들꽃(쇠별꽃, 봄까치꽃, 광대나물, 서양민들레, 괭이밥, 까마중, 토끼풀)이 피어 있다.
    - 계속되는 영하 추위에 무당거미 얼어 죽는다. (중후)
    - 방안에도 모기가 보이지 않는다. (중후)
    - 일 평균기온이 5도 이하로 내려간다. (중후)

절기 속담

〈입동〉
- 입동 전 가위 보리다.
  (입동 때 보리 잎이 두 개면 풍년)
- 보리는 입동 전에 묻어줘라.
- 입동 전 보리씨에 흙먼지라도 날려줘라.

〈소설〉
- 소설 추위는 빚내서라도 한다.
- 초순 홑바지가 하순 솜바지가 된다.

절기 시

- 입동 -

약속이나 한 듯
입동 때가 되면
나무는 미련 없이 잎사귀를 떨어뜨리지요

꽃 피우고 열매 맺을 때까지
봄가을 쉼 없이 수고하고 애쓴
고맙고 자랑스러운 잎사귀들인데요

나무는 찬이슬 흰서리에 새겨진
하늘 때를 읽어 내고
머지않아 겨울 옴을 알아차리지요

입동 때가 되면 어김없이 잎을 떨어뜨리며
추운 겨울 준비하고 맞이하는 나무들
나는 무엇 떨어뜨리며 올겨울 맞이하려는가요

   - 낙엽은 -

낙엽은 나무 선물이지요
제 모습대로 다한 삶에게 내리는 황홀한 오색빛 잔치
온몸으로 찬 겨울 나는 벌레들의 따뜻한 보금자리
춥고 배고픈 겨울 땅속 생명들의 든든한 양식

낙엽은 나무 이야기지요
따스하고 뜨겁고 포근한 태양의 손길
부드럽고 시원하고 차가운 바람의 숨결
잔잔하고 세차고 쓸쓸한 비의 노래

낙엽은 나무 삶이지요
틔우고 피우며 맺어가는 삶
만나고 흩어지며 기다리는 삶
돌고 돌아 하나 되는 삶

- 첫눈 -

올해도
소설 들어서니
어김없이 첫눈이 내리네요

소설에 눈 오는 일
너무나 당연한 일이지만
그래도 정말 반갑고 감사한 마음은 웬일일까요

우리 아이들도
그 아이들의 아이들도
소설 첫눈의 설렘을 언제까지 기억할 수 있을까요

2.
입동,
겨울을 어떻게 세울까

입절기(立節氣) 의미

먼저 입자(立字)의 의미를 알아야 한다. 입절기를 入節氣로 잘못 아는 경우가 많은데 立節氣가 맞다. 어떻게 다른가.
入節氣란 준비 없이 그저 때가 되어 절기를 맞는 것이니 절기와 내가 따로 사는 것이고, 立節氣란 미리 알고 준비해서 절기를 맞는 것이니 절기와 내가 하나 되어 사는 것이다. 立節氣는 하늘과 인간이 함께 절기를 만드는 인간의 책임을 강조한 것이다.

'하늘은 스스로 돕는 자를 돕는다'라는 말이 있다. 의상대사는 '중생을 이롭게 하는 비는 허공에 가득 차니 중생들이 그 그릇(능력)의 크기에 따라 이익을 얻는다'라고 했다. 이 말은 하늘이 주신 생명력을 스스로 일으켜 제때를 바로 알고 준비하고, 하늘 기운과 늘 함께하라는 의미다.

인간도 다른 생명들처럼 자연의 흐름에 맞춰 살도록 태어났다. 때를 미리 준비하지 못해 때를 놓치고 해야 할 일을 못 하면 반드시 그에 대한 책임을 지게 된다.

하늘은 절기를 통해 사계절뿐만 아니라 24절기와 72후, 더 나아가 날마다 새롭게 다가오는 시간마다 생명들이 살아갈 수 있는 삶의 환경을 준비해 놓는다. 자연 속에 살아가는 생명들도 그 절기를 자기 절기로 만들기 위해 발 맞춰 준비해야 한다. 이것이 생명들의 절기살이며 입절기의 의미다. 왜냐면 절기는 하늘(태양)의 일방적인 흐름이 아니라 하늘과 땅(인간, 생명)이 함께 만들어가는 협력의 마당이기 때문이다. 만약 봄이 왔는데도 씨앗을 뿌리지 않으면 결국 열매 없는 빈껍데기의 삶을 살 수밖에 없다.

입절기, 곧 절기를 일으켜 세우는 절기가 네 번 있다. 입춘, 입하, 입추, 입동이다. 본절기에 한 달 앞서 있는 입절기는 본절기를 미리 준비하는 시기이다. 입절기를 어떻게 준비했느냐에 따라 한 달 뒤에 오는 본절기가 달라진다.

입동에는 어떻게 해야 씨앗 생명력을 강하고 단단하게 하는지, 입춘에는 어떻게 해야 자기 열매를 맺을 수 있는지, 입하에는 어떻게 해야 자기 열매를 키울 수 있는지, 입추에는 어떻게 해야 열매를 익힐 수 있는지를 알아야 그 절기를 준비할 수 있다.

입동의 의미

입동은 겨울을 준비하는 절기다. 봄 여름 가을 겨울 가운데 겨울이 한해를 준비하는 입절기 같은 계절이다. 따라서 한 해의 시작은 겨울부터라고 할 수 있다. 그렇다면 겨울을 준비하는 입동이야말로 진정한 한 해의 시작이다.

겨울절기는 가을에 익힌 열매의 씨앗 속 생명력을 찬바람과 얼음(눈)이라는 추위로 단단하게 응축시켜 봄이 되면 생명이 강하게 발아하도록 만든다. 그래서 겨울은 응축과 수렴, 압축하는 과정이다.

김동철·송혜경의 《절기서당》에서는 입동을 이렇게 설명한다. '겨울로 가는 발걸음은 이듬해 봄을 염두에 두고 있다. 봄을 품고 있되 봄이 없는 듯 기나긴 휴면 상태로 돌입하는 길목에 입동이 있다. 씨앗처럼 단단한 껍질로 품고 있는 것은 다음 해 봄에 펼쳐질 꿈이다. 작은 공간에 싱싱하게 뻗은 줄기와 화려한 꽃이 응축되어 있다고 생각해보라. 겉보기엔 죽어 있는 것처럼 보이지만 씨앗 안에 엄청난 양기가 똘똘 뭉쳐 있다는 것을 알 수 있다.' 그렇다. 입동은 겨울에 무엇이, 어떻게 내 생명력을 응축시키는 것일지 잘 헤아려 그것을 제대로 준비하는 때다.

한겨울 추위처럼 내 삶을 응축시키는 것은 자신과 자신의 삶을 제대로 들여다볼 수 있는 공부다. 그 공부란 자기만의 공간에서 자기 내면의 소리를 듣고 삶을 깊게 들여다보는 일이다. 나는 누구인지, 어떻게 살아왔는지, 어떻게 살아야 하는지를 헤아리는 것이다. 겨울은 자기를 제대로 들여다볼 거울을 만드는 공부의 절기라고 할 수 있다.

조현용의 《우리말 선물》을 보면 '우리 인생 사이사이 쉼표가 있어야 한다. 열심히 달리기만 한다면 내가 왜 달리는지, 지금 어디까지 왔는지, 어디로 가는지 알 수 없다. 쉴 때는 한숨을 돌리고 지나온 일을 돌아보고 어떻게 살아야 할지 생각해보아야 한다. 쉬는 것은 나를 돌아보는 것이다.'라고 한다. 쉼의 시간인 저녁과 겨울이 있는 이유다. 그래서 겨울은 이듬해 한 해 동안 살아갈 생명력을 온전하게 충전시키는 기간이다.

입동 절기에 겨울 준비를 위한 물음

- 겨울 절기는 어떤 절기인가? (겨울 절기 의미)
- 나무가 떨어뜨린 낙엽의 의미는 무엇인가?
  내가 떨어뜨려야 할 낙엽은 무엇인가?
- 겨울에는 왜 추울까? 추위는 어떤 의미인가?
- 겨울에 생명력을 응축시킨다는 의미는 무엇인가?
  어떻게 해야 생명력은 응축될까?

- 겨울에는 거울을 -

겨울에는
골방에서 고독으로
거울을 만드는 때입니다

나는

이 세상에 왜 왔는지

이 세상에 어떻게 왔는지

깊게 들여다보는 거울입니다

나는

어떻게 살고 있는지

어떻게 살아가야 하는지

제대로 들여다보는 거울입니다

겨울에는

공부와 수행으로

내 거울을 맑게 닦는 때입니다

겨울의 다양한 의미

　겨울은 끝의 절기가 아니라 시작의 절기다. 내 생명이 태어나면 봄부터 시작되어 가을로 결실되어 마친다. 겨울은 봄과 여름과 가을을 낳는 어머니 같은 절기다. 그래서 겨울 눈 속엔 잎과 꽃과 열매가 들어 있다. 아이 가진 엄마 배처럼 커다랗게 부풀려져 잎과 꽃, 그리고 열매를 낳는다. 어떤 겨울이냐에 따라 봄이 달라지고, 여름과 가을이 달라진다. 생명은 응축되어야 소생한다. 생명을 응축시키는 것이 추위고, 응축되어가는 과정이 겨울이다. 겨울이 먼저 있어서 봄에 만물이 소생할 수 있는 것이다. 그래서 봄은 스프링이다.

　그렇다면 나의 겨울절기는 무엇인가? 겨울은 부모다. 내 부모의 삶이 내 겨울이 되어 내 봄을 시작하게 한다. 내 삶은 자식의 겨울이 되어 해마다 사계절이 순환하듯이 인생도 대대로 순환한다.

요즘처럼 배우는 기간이 길어진 우리 사회에서 학교에서 교사들도 아이들에게 겨울 같은 존재일 수 있다. 만나는 교사에 따라 봄 같은 아이들의 인생이 달라질 수 있기 때문이다. 하지만 겨울에 대해 꼭 알아야 할 사실이 있다. 겨울 같은 부모는 선택할 수 없다는 것이다. 학교 교사도 대체로 선택할 수 없다. 그렇기 때문에 어떠한 봄(자식, 아이)이라도 실망하거나 후회하지 않는 겨울(부모, 교사)의 모습을 먼저 갖추는 것이 중요하다. 만약 겨울 때문에 봄을 망친다면 봄의 입장에서는 얼마나 억울하고 분하고 힘들겠는가.

그리고 내 겨울은 부모뿐만 아니라 조상 세대도 포함되며, 내가 태어난 곳의 역사도, 더 나아가 인류의 역사도 포함한다. 내 삶은 내 삶으로 끝나지 않는다. 내 삶이 내 자식뿐만 아니라 후대의 봄을 결정짓는 겨울절기가 됨을 알아야 한다.

그래서 겨울은 매우 다중적인 의미가 있다. 겨울은 봄 여름 가을을 모두 포함하고 있다. 봄 여름 가을을 살아가는 우리 일생이 바로 누군가의 겨울이 되기 때문에 겨울은 단지 한 계절만을 의미하지 않는다. 앞서간 모든 인간의 삶이나 역사, 문화도 모두 겨울이라고 할 수 있다.

무엇보다도 남을 가르치는 교사의 삶은 배우는 사람의 봄을 준비하는 겨울절기와 같다. 교사인 내가 어떤 생각을 가지고 어떻게 살아왔는지가 배우는 사람들의 봄을 결정하는 것임을 깊이 알아야 한다. 최고의 가르침은 자기 삶을 이야기하는 자기 삶의 간증이다.

낙엽의 의미

입동이 되면 잎이 떨어진다. 낙엽은 겨울이 오는 신호다. 나무 한 해 삶의 기록인 낙엽은 하늘이 나무를 통해 인간들에게 전하는 편지(無字天書)라고 할 수 있다. 나무가 겨울을 준비하기 위해 낙엽을 떨군다는 것은 무슨 의미일까?

신영복의 《담론》에서 '낙엽은 삶에서 만들어진 거품, 겉치레, 허울'이다라고 표현한다. 나무가 낙엽을 떨어뜨려 자신의 본모습을 완전히 드러내듯이 겨울 삶을 준비하기 위해 먼저 나의 본모습을 왜곡하는, 삶의 거품 같은 낙엽을 떨어뜨려야 한다. 공자가 말한 사십불혹(四十不惑)이라는 말도 사실 그 어떤 것에도 미혹됨이 없다는 의미보다 거품 같은 환상을 가지지 말고 현실을 직시하며 살라는 뜻이다.

나이가 들면서 자신을 잘 들여다보아야 한다. 젊을 때는 이룰 수 없는 꿈에 젖어 아름다운 환상 속에서 살아갈 수도 있지만, 생의 가을인 불혹에 들어서는 자신의 진실한 모습을 살피며 거품 없이 앎과 삶과 현실이 하나가 되어 살아야 한다는 것이다. 이를 위해 과감히 낙엽 같은 환상, 거품, 명예나 지위, 부와 지식 같은 겉치레를 과감히 던져버려야 하지 않을까? 알몸은 자신의 본성, 인간성으로서 가장 정직한 참모습이다. 낙엽은 기존의 관념, 사고방식, 익숙함에서 벗어나 궁금함과 호기심, 새로움과 열린 시선으로 바라보는 것이다. 그리고 낙엽은 새 생명을 위한 밀알이 되기 위해 삶을 내려놓고 정리하여 흙으로 돌아가는 것이다.

겨울은 알몸으로 자기를 대하는 때다. 마치 목욕탕에서처럼 껍데기를 모두 버리고 진실을 마주해야 하는 때다. 자기를 가리고 있는 낙엽이 무엇인지를 바로 알고 과감히 내던지는 때가 바로 입동이다.

겨울에 묵은 것을 내려놓아야 새봄에 새잎을 얻을 수 있듯이 입동 때는 과감히 나무의 마지막 옷인 낙엽을 모두 떨구는 것이다.

자연에서 낙엽은 겨울잠 자는 벌레들의 안식처가 되고, 낙엽을 갉아 먹는 옆새우 같은 수서생물이나 지렁이 같은 땅속 생명들의 먹이가 된다. 또 식물들에게 거름이 되고, 인간들에게 노래와 시, 이야기와 그림 같은 예술과 문화의 재료가 되기도 한다.

- 낙엽 이야기 -

낙엽은
머지않아 겨울이 다가온다고
겨울 잘 준비하여
제대로 맞으라 하네요.

낙엽은
이제 네 겉치레 훌훌 벗어던지고
찬바람 앞에 알몸이어도
부끄럽지 않느냐 하네요

낙엽은
자기 자신 깊게 헤아리고
한겨울 골방에서 진지하게
자기 소리 들으라 하네요

3.
소설 때
마음 자세는

겨울 절기는 여섯 절기가 있는데 입동과 소설 절기는 겨울을 준비하는 입절기에 해당된다. 입동 절기에 겨울 준비에 필요한 절기와 삶의 의미를 묻는다면 소설 절기는 그 절기와 삶의 질문에 대한 답을 구체적으로 얻는 때이다.

소설은 내면의 소리에 귀를 기울이는 때다. 소설 첫 번째 절후를 보면 무지개가 숨어서 더 이상 보이지 않는다고 했다. 그 이유를 《절기서당》은 다음처럼 설명하고 있다. '하늘 기운은 상승하고 땅의 기운은 하강해 하늘과 땅이 서로 소통할 수 없기 때문이다. 이렇게 하늘과 땅 사이를 오가는 기운이 닫히고 막혀 겨울을 이룬다. 기운이 닫힌 탓에 겨울은 우리에게 한없이 내부로 수렴할 것을 요구한다. 봄에 천지의 기운이 통하는 문이 열릴 때까지 기다려야 한다.'

이처럼 소설에는 기다림의 지혜가 필요하다. 지금까지 싹이 트고 꽃이 피고 열매 맺는 역동적인 외부 움직임에 우리의 눈과 귀가 쏠렸다면, 모든 것이 눈에 덮여 있고 꽁꽁 얼어붙어 작은 움직임조차 없는 겨울에는 진정한 자기 내면의 소리를 듣고 삶의 지혜를 구해야 한다.

그렇다면 무엇을 어떻게 돌아볼 것인가? 모든 것이 휴면하는 겨울은 고독의 계절이다. 장원은 《고독육강》에서 고독은 '또 다른 이름의 도전'이고, 외로움을 느끼는 상태가 아니라 '진정한 삶의 본질을 찾아가는 과정'이라고 말한다. 고독은 자신과 진정으로 마주하며 대화하는 기회다. 자아 성찰의 시간이며, 되새김과 발효 숙성의 시간이다. 고독이라는 침묵(淸靜, 淸淨) 속에서 자신을 진지하게 돌아봐야 하는 때가 겨울이다.

　나는 누구인가? 내게 가장 소중한 생명의 의미를 알고 살아왔는가? 나는 누구의 기준이나 이름으로 살아가고 있는가? 돌아봄의 겨울, 긴 침묵 속에서 내면의 소리에 귀 기울이고 삶의 의미를 물으며 깊게 들여다보자. '인간이 기대는 가장 튼튼한 기둥은 홀로 있음이다. 그 기둥을 존재의 중심에 세운 이는 어떤 바람에도 넘어지지 않는다'라고 류시화 시인은 말한다.

4.
함께
생각해 보자

　○ 나무는 왜 낙엽을 떨어뜨리며 겨울을 준비할까?
　○ 낙엽의 의미와 내가 떨어뜨려야 할 낙엽은 무엇일까?
　○ 왜 겨울잠을 잘까?
　○ 겨울은 왜 추울까? 추위의 의미는 무엇일까?
　○ 겨울의 의미는? 어떻게 겨울을 준비해야 할까?

대설과 동지 - 12월
깊게 고요하게 헤아리고 돌아보고

1.
대설과 동지는
어떤 절기인가

대설(大雪, 12월 7일쯤) / 함박눈

대설은 눈이 많이 내린다는 뜻이다. 다른 절기에 비해 비교적 많은 눈이 내렸지만 최근에는 기후변화 탓에 깊은 산간 지역 말고는 점점 눈 오는 날도 줄고 눈 쌓인 모습도 보기가 쉽지 않다. 특히 2018년 12월과 이듬해 1월 적설량이 예년에 비해 크게 줄었다. 앞으로는 눈 없는 겨울이 될지도 모르겠다.

24절기 가운데 기후변화로 절기 현상이 가장 심하게 변하고 있는 때가 대설이 아닐까 싶다. 큰 눈도 잘 내리지 않고, 삼한사온 현상도 이제는 거의 찾아볼 수 없다. 옛날에는 강한 추위가 있어야 농사에 해가 되는 벌레들이 얼어 죽는다고 했지만 사실은 삼한사온의 변화로 겨울절기에 적응하지 못하는 약한 동식물들이 추운 겨울에 많이 죽게 된다.

한편, 대설에 눈이 많이 오면 다음 해 풍년이 들고 푸근한 겨울을 난다는 믿음이 전해진다. 따라서 조선시대에는 대설이 지나도 눈이 내리지 않으면 '기설제(祈雪祭)'를 지내기도 했다. 실제로 눈이 보리와 밀을 덮어 주어 냉해를 덜 입고 봄 가뭄에 영향을 준다.

- **대설 절후 현상**

  초후에는 할단새(히말라야 전설에 나오는 새로 아침이면 저녁 추위를 잊는다는 망각의 새)가 울지 않고, 중후에는 범이 교미를 시작하며, 말후에는 여지(중국 남부 무환자나무과(果) 리치라는 열매 달린 나무를 여지라고도 한다)가 돋아난다. (여정출 荔挺出)

- **요즘 대설 절기 현상**
  - 큰 눈이 비교적 자주 내리고 대설주의보도 발령된다.
  - 평년보다 포근할 때는 모기도 나타난다.
  - 미세먼지와 초미세먼지가 심하다.
  - 아직 냉이꽃, 쇠별꽃이 보인다.
  - 2020년 길마가지 꽃피고, 광명 도덕산에
  - 도롱뇽 알집이 보인다. (말후)
  - 으름덩굴, 인동덩굴, 찔레나무, 쥐똥나무
  - 아직 초록잎이 남아 있다. (말후)

동지(冬至, 12월 21일쯤) / 온겨울

동지는 태양이 남회귀선, 적도 이남 23.5도인 동지선에 도달한 때 밤이 제일 길다. 반대로 남반부에서는 낮이 가장 길고 밤이 짧다. 하지부터 차츰 낮이 짧아지고 밤이 길어지기 시작해 동짓날 극에 다다르고, 다음 날부터는 차츰 밤이 짧아지고 낮이 길어지기 시작한다.

동지(冬至)는 겨울, 음기가 극에 달했다는 말로 해가 죽었다 살아나는 끝과 시작점이다. 매 절기가 삶을 매듭짓는 때지만 동지는 한 해의 가장 큰 매듭이라고 할 수 있다.

옛사람들은 동지를 24절기 가운데 가장 큰 명절로 여겼다. 동지는 가장 밤이 긴, 곧 해가 죽은 듯이 보이는 절기지만 실은 동지를 기점으로 죽었던 해가 다시 살아나기 시작하기 때문이다.

해를 기준으로 하면 진정한 한 해 시작은 동지다. 그래서 하늘 봄은 동지부터 시작되고, 땅의 봄은 입춘부터 시작한다.

고대인들은 이날을 태양이 부활하는 날로 생각하고 축제를 벌여 태양신에 대한 제사를 올렸다. 중국 주(周)나라에서 동지를 설로 삼은 것도 이날을 생명력과 광명의 부활이라고 생각했기 때문이며, 역경의 복괘(復卦)를 11월, 곧 자월(子月) 동짓달부터 시작한 것도 동지와 부활이 같은 의미를 지녔다고 생각했기 때문이다. 동짓날에 천지신과 조상의 영을 제사하기도 했다.

- 동지 절후 현상

초후에는 지렁이가 똘똘 말려 있고, 중후에는 순록 뿔이 떨어지고, 말후에는 샘물이 언다.

- 요즘 동지 절기 현상

- 강한 한파도 있지만 포근한 날도 많아 기온 차가 심하다.
- 가끔 한강이 결빙하는 때도 있다.
- 서양민들레, 새포아풀, 마디풀, 봄까치꽃 새싹이 보인다. (초후)
- 길마가지 꽃과 갯버들강아지 보일 때도 있다. (중후)
- 최근 세계적인 겨울 이상고온 현상이 자주 나타난다.
- 까치가 둥지를 짓는다.

절기 속담

〈대설〉
- 눈은 보리의 이불이다.
- 겨울에 눈이 많이 오면 보리 풍년이 든다.
- 손님은 갈수록 좋고, 눈은 올수록 좋다.
- 가루눈이 내리면 추워진다.
- 눈이 빠르면 큰 눈 없다.
- 비 많이 오는 해는 흉년 들고, 눈 많이 오는 해는 풍년 든다.
- 쌓인 눈 밟을 때 뽀드득 뽀드득 하는 소리가 나면 추워진다.

〈동지〉
- 동지 때 개딸기(추운 동지에 개딸기가 있을 리 만무하니, 도저히 얻을 수 없음).
- 동짓날이 추워야 풍년이 든다.
- 범 불알 동지에 얼리고 입춘에 녹인다.

- 정성이 지극하면 동지섣달에도 꽃이 핀다.
- 동지섣달에 베잠방이를 입을망정 다듬는 소리는 듣기 싫다.
- 동지섣달에 눈이 많이 오면 오뉴월에 비 많이 온다.
- 동지섣달에 눈이 많이 오면 객수가 많다.
- 단오 선물은 부채요 동지 선물은 책력이라.

절기 시

- 눈 -

빈부귀천 차별하지 않고 하나 되라 하지요
선악미추 구별하지 않고 모두 감싸안으라 하지요
일장춘몽 화려한 삶도 꿈 같다 하지요

- 동짓날 -

아직 어둠 속에서 잠들어 있는 빛 씨앗이
동쪽 하늘에서 봄별로 떠오르고
새로운 해로 태어난다는 동짓날

옛사람들은 진 빚 모두 갚고
묵은 마음을 털어놓으며
새 기운으로 맞이했다는 동짓날

여전히 불안하고 우울하고
온기 하나 없이 꽁꽁 얼어붙은
한 줄기 빛마저 희미해진 이 세상

새날 새 기운 가득한
하늘봄빛 한아름 꿈꿔 보지요

2.
눈(雪)의 의미는

  오르한 파묵의 소설 《눈》을 보면 '눈은 생의 아름다움과 삶이 짧다는 느낌을 불러일으켰고, 모든 적의에도 불구하고 인간이 서로 닮아 있으며, 우주의 시간은 무한하지만 세계는 좁다는 것을 느끼게 했다. 그러므로 눈이 오면 사람들은 서로를 끌어안는다'라고 이야기한다.

  엄동설한. 길고 긴 추운 날이 계속되는 겨울, 앞으로도 소한과 대한이라는 엄청난 추위가 남아 있으니 씨앗(생명)은 팔자 탓하면서 절망할 수도 있다. 이때 하늘에서 위로의 수호천사를 가끔 내려주시니 그게 바로 눈이다.

  눈은 씨앗 속에 살아 있는 생명을 포근하게 덮어 씨앗이 얼어 죽지 않도록 보살펴 주기도 하고, 가끔 햇볕이 강할 때 눈을 녹여 씨앗에게 생명수를 대준다. 가을에 심은 보리가 겨우내 얼어 죽지 않는 이유도 때때로 내리는 두툼한 눈 때문이며, 눈이 많이 내려야 보리가 풍년이 든다는 것도 바로 이 때문이다. 그리고 한겨울 맨몸으로 겨울을 나는 벌레들도 낙엽 위 따뜻한 눈 이불을 덮어 주면 길고 추운 겨울 동안 죽지 않고 살아남을 수 있다.

대설에 내리는 눈을 보면서 나는 누구를 포근하게 품어주는 사랑 이불인지, 또 나를 따뜻하게 품어주는 사랑 이불은 누구인지를 생각해 본다. 그리고 나는 누구의 목마름을 해결해 주는 생명수인지, 누가 나의 목마름을 풀어주는 생명수인지 함께 생각해 보아야 한다.

동지 전까지 해가 점점 짧아져 음기가 극에 이른다. '동지 때 비로소 양기가 싹트기 시작하는데 임신 초기에 태아가 자궁에 잘 착상할 수 있도록 몸을 따뜻하게 하고 조심해야 하듯이 이 꼬물거리며 태동하는 양기가 잘 자리 잡도록 보듬어주는 것'이 바로 눈이라고 《절기서당》은 말하고 있다.

- 눈 -

(〈생명평화등불〉. 통권 43호)

겉은 차가워도 속 깊이 따뜻한 걸 나는 알지
속에서 먼저 흐르는 너의 눈물 속에
내가 뿌리째 흔들리는 것 들키고 싶지 않아

3. 동지의 의미는

밤이 깊어질수록 새벽이 다가오듯이 동짓날 깊은 침묵의 밤은 새로운 날을 예고한다. 동지 뒤부터 해가 길어지기 시작하면서 음기에 완전히 눌렸던 양기가 드디어 힘을 내기 시작한다. 하지만 아직 땅은 얼어붙어 그 어떤 생명들도 양기를 느낄 수 없다. 한 달 뒤 입춘에야 땅은 양기를 조금씩 드러낸다. 그래서 땅 봄은 입춘에야 시작되는 것이다.

동지는 한 해 24절기의 최종 매듭이다. 마치 나무의 나이테와 같다. 한 해 동안 매듭지어진 스물네 개 마디를 완결하는 의미가 있다. 동지를 통해 한 해를 제대로 마무리해야 새로운 해를 맞이할 준비가 된 것이다.

동짓날

《동국세시기》에 의하면, 동짓날을 '아세(亞歲)'라 했고, 민간에서는 흔히 '작은 설'이라 했다. 태양의 부활을 뜻하는 큰 의미를 지녀서 설 다음가는 대접을 받는 것이다. 그 풍습은 오늘날에도 여전해서 '동지를 지나야(동지팥죽을 먹어야) 진짜 나이를 한 살 더 먹는다'라고 한다.

동짓날에는 찹쌀 단자를 넣은 팥죽을 먹는 오랜 관습이 있다. 단자를 새알 크기로 만들어 '새알심'이라 부른다.

팥죽을 다 만들면 먼저 사당에 올리고 집 안 여러 곳에 놓았다가

식은 다음 나눠 먹는다. 동짓날 팥죽을 집 안 여러 곳에 놓는 것은 집 안에 있는 악귀를 모조리 쫓아내기 위한 것이고, 사당에 놓는 것은 천신(薦新 새로 농사지은 과일이나 곡식을 먼저 조상에게 감사하는 뜻으로 드리는 의식)의 뜻이 있다. 팥은 색이 붉어 양색(陽色)이므로 음귀(陰鬼)를 쫓는 데 효과가 있다고 믿었으며 민속적으로 널리 활용됐다.

경사스러운 일이 있을 때나 재앙이 있을 때도 팥죽, 팥떡, 팥밥을 하는 것은 모두 같은 의미다. 절에서도 죽을 쑤어 대중들에게 공양한다. 팥죽을 먹어야 겨울에 추위를 타지 않고 공부를 방해하는 마구니(마귀)들을 멀리 내쫓을 수 있다고 여긴다.

애동지에는 팥죽을 쑤지 않는다. 동지가 초승에 들면 애동지, 중순에 들면 중동지, 그믐께 들면 노동지라고 한다. 고려시대에는 '동짓날은 만물이 회생하는 날'이라고 해 고기잡이와 사냥을 금했다고 전해진다.

태양의 부활과 크리스마스

동지부터 태양은 하루하루 북으로 올라온다. 옛날에는 태양이 복원(復元)한다 하여 동짓날을 축일로 삼았으며, 특히 태양신을 숭상하던 페르시아의 미드라교에서는 동지, 12월 25일을 '태양탄생일'로 정했으며, 고대 로마력에서 12월 25일은 동짓(冬至)날이었고 유럽이나 중근동 지방에서는 이 동짓날이 설날이었다. 예수 그리스도가 태어난 날은 신약성서에 명기돼 있지 않으며 옛날에는 성탄일을 1월 6일로 삼기도 하고 3월 21일로 삼기도 했다. 로마 교황청이 성탄일을 이 동지설날로 통일한 것은 4세기 중엽이다. 그래서 옛 설날 풍습이 성탄 풍습으로 혼합된 것이 한둘이 아니다.

4.
동지제와
하늘봄맞이

동지는 진정한 의미에서 하늘 봄이 시작되는 새해 첫날이다. 그러므로 새해를 시작하기 위해 지난 한 해 묵은 때를 깨끗하게 정리해야 한다. 한 해를 마무리하는 절차가 동지제다. 동지제는 '용서하고 용서 구하는 날'이다. 모든 존재에게 해를 끼친 행동을 기억하고 용서를 구하고, 또한 나에게 잘못을 한 사람들도 용서하며 얽히고설킨 한 해 빚을 깨끗하게 마무리해보자. 지난 내 삶이 새옹지마(塞翁之馬), 유무상생(有無相生)의 삶이었나 헤아려 보자.

동지제

올해 시작할 때(입춘) 뿌린 씨앗(다짐하고 이루고자 했던 자신과의 약속)을 되돌아보고, 약속을 이루지 못했다면 왜 그랬는지 성찰해 다음 해에는 그런 일이 생기지 않도록 하는 것이다. 또한, 지난 한 해 쌓인 묵은 감정 응어리와 진 빚을 말끔히 정리하고 새롭게 출발하기 위함이다.

어떻게 지낼까?
*준비물 : 촛불(라이터), 입춘제 때 적은 소원지, 한지(마음 빚을

적을 수 있는 깨끗한 종이), 종이 태울 수 있는 그릇(사기접시)

때와 장소는 깜깜한 밤, 조용하며 깨끗하고 의미 있는 곳이면 좋다.

원으로 둘러 앉아, 소원등(촛불)을 키고, 한 사람이 돌려가며 등을 들고서, 입춘 때 적은 씨앗쪽지를 읽으면서 서로 이야기를 나눈다.

불을 끄고 말하는 사람이 촛불을 손에 들고서 돌아가면서 이야기 나눈다. 입춘제 때 뿌린 씨앗이 어떻게 되었는지 과정과 결과에 대해 이야기 나눈다. 입춘 때 다짐한 소원이 얼마나 이루어졌는지, 이루어지지 않은 이유는 무엇인지, 한 해 어떻게 살았는지, 내가 다른 사람에게 맘으로 물질로 피해를 주지 않았는지, 내가 당한 피해가 있었는지, 있었다면 용서하고 이해할 수 있을지, 어떻게 해야 그 응어리를 풀고 하늘의 봄을 맞이할 수 있을지 이야기 나눈다.

깨끗한 한지에는 다른 사람에게 말할 수 없는 마음빚을 적어 본다. 특히 다른 사람과 좋지 않은 기억들을 적은 용서쪽지를 태우고 모두 맘속에서 태워 날려 보낸다는 의미다.

끝으로 서로 돌아가며 포옹하며 열심히 살아온 서로의 삶을 위로하고 응원하며 마친다.

6.
함께
생각해 보자

○ 왜 요즘은 겨울에도 눈이 잘 오지 않을까? 눈이 많이 오지 않으면 어떻게 될까?

○동지의 의미는 무엇인가?
○내 생명력을 강하고 단단하게 응축시킬 화두와 골방을 준비했는가?
○나는 어떻게 한 해를 잘 매듭지었는가?
　입춘 때 뿌렸던 씨앗들이 어떤 열매로 만들어졌는가?
　한 해 동안 맺히고 응어리진 것들은 무엇이고 어떻게 풀 것인가?
○눈(雪)의 의미는 무엇인가?

소한과 대한 - 1월

힘차고 단단한 생명의 씨앗으로

1.
소한과 대한은
어떤 절기인가

소한(小寒, 1월 5일쯤) / 센추위

소한은 동지와 대한 사이로 한겨울 추위가 매섭게 찾아드는 때다. 가장 추운 겨울다운 겨울이다.

이름으로 보아 대한(大寒) 때가 가장 추운 것 같지만 실은 소한(小寒) 때가 한 해 가운데 가장 춥다. 그래서 '대한이 소한 집에 가서 얼어 죽는다'라는 말이 있다. 추위를 이겨냄으로써 어떤 역경도 감내하고자 '소한(小寒) 추위는 꾸어 가라'라고도 했다.

예전에는 아침 세수하고 물 묻은 손으로 시골집 무쇠 문고리를 잡으면 얼어붙어 떨어지지 않을 정도로 추위가 거셌다. 지금은 난방이 잘되기 때문에 추위를 잘 느낄 수 없다. 또한 지구온난화로 겨울이 예전만큼 춥지 않다. 최근 소한 추위가 대한 추위보다 덜 추워졌다.

모든 것이 활동을 멈추고 죽은 듯이 고요한 소한, 맹추위로 자꾸만 안으로 움츠러드는 이 시기에는 홀로 자기 내면 깊숙이 여행길을 떠나는 때다.

- **소한 절후 현상**
  초후에는 기러기가 북녘으로 향하고, 중후에는 까치가 집을 짓기 시작하고, 말후에는 꿩이 운다.

- 왜 절후 현상에 새 이야기가 자주 나올까? 절후에 나오는 새들은 모두 13여 종이나 된다. 옛사람들은 새를 태양(신)의 메신저, 곡물의 영을 운반하고 악령으로부터 인간을 지켜주는 상징으로 생각했기 때문이라고 본다. 또한 하늘을 나는 새는 절기 변화에 가장 민감한 생명이기에 절기에 새 이야기가 많다고 본다.

- **요즘 소한 절기 현상**
  - 한강 물이 얼 때가 있다.
  - 비교적 강한 추위가 있다.
  - 미세먼지와 초미세먼지 심각하다.
  - 가끔 눈이 내린다.
  - 제주도에서 매화 꽃소식 들린다. (중후)
  - 최근 소한 추위가 약해지고 있다.
    *2020년은 가장 따뜻한 소한이었다.(남산 산개구리 짝짓기, 남부 지방 산개구리 산란 소식)

대한(大寒, 1월 20일쯤) / 끝추위

대한은 입춘부터 시작된 24절기 마지막이다. 양력으로는 소한 15일 후부터 입춘 전까지의 절기로 보통 1월 20, 21일쯤이다.

원래 겨울철 추위는 입동에 시작해 소한으로 갈수록 추워지며 대한에 이르러서 가장 거세다고 하지만, 이는 중국 사정이고 우리나라에서는 한 해 가운데 가장 추운 시기는 1월 15일쯤이다. 그래서 '춥지 않은 소한 없고 포근하지 않은 대한 없다', '소한의 얼음 대한에 녹는다'라는 속담도 있다. 소한 무렵이 대한 무렵보다 훨씬 춥다는 뜻이다. 하지만 최근 예년과 달리 대한 추위가 소한 추위보다 강했다.

예로부터 대한은 24절기 마지막 절기로 여겼다. 한 해 마무리 절기는 대한보다는 동지로 보는 것이 더 정확하며 동짓날 뒤부터는 새로운 해를 맞이하고 봄을 준비하는 시작 절기로 봐야 할 것이다.

제주도에서는 이사나 수리 따위를 비롯한 집 안 손질은 언제나 신구(新舊)간에 하는 것이 관습이다. 이때 신구간은 대한 뒤 5일에서 입춘 전 3일 동안(1월 25일~2월 1일)의 보통 일주일을 말한다.

대한의 세시풍습에는 절분과 해넘이가 있다. 한국을 비롯한 동양에서는 겨울을 매듭짓는 절후로 봐, 대한의 마지막 날을 절분(節分)이라 해 연말일로 여겼다.

이날 밤을 해넘이라 하며, 콩을 방이나 마루에 뿌려 악귀를 쫓고 새해를 맞는 풍습이 있다. 절분 다음 날은 정월절(正月節)인 입춘의 시작일로, 이날은 절월력(節月曆)의 연초가 된다.

- **대한 절후 현상**

초후에는 닭이 알을 품기 시작하고, 중후에는 매는 사납고

빠르며, 말후에는 못의 얼음이 두껍고 단단해진다.

- **요즘 대한 절기 현상**
- 예측불허 겨울 날씨가 계속 보인다.
- 삼한사온이 사라졌다. 추위 지속 기간이 길 때가 많다.
- 최근 소한 추위보다 대한 추위 더 추워졌다.
- 가끔 한강 물이 언다. (해마다 결빙은 늦어지고 결빙 기간도 짧아진다)
- 남부지방(부산) 매화 꽃소식 들린다. (중후)
- 최근 산개구리와 도롱뇽 산란하기 시작한다. (말후)
- 서울 홍릉숲 복수초, 납매 꽃핀다. (말후)
- 한파 지나고 좀 따뜻해지면 새들의 움직임이 활발하다. (멧비둘기. 딱따구리 등)

절기 속담

〈소한〉

대한이 소한 집에 놀러 갔다가 얼어 죽었다.

소한 추위는 꾸어 가라고도 한다.

〈대한〉

소한 얼음 대한에 녹는다.

절기 시

- 겨울은 -

어둠이 짙어질수록 새벽은 가까이 있고
찬바람이 몰아칠수록 봄은 가까이 있지요
영원한 것 없지요
그것이 하늘법이지요

어둠 속에서 불씨는 더욱 빛나고
고난 속에서 생명은 더욱 살아 있지요
불씨가 있어 어둠은 더욱 살아나고
생명이 있어 고난은 더욱 빛나지요

차디찬 엄동설한 긴 겨울은
나는 누구인가요
나는 무얼 하고 있는가요
나는 무엇 때문에 사는가요

스스로 묻고 또 물어야 할 시간이고
힘찬 생명씨앗 잉태해야 할 시간이지요

- 겨울나무 앞에서 -

타고난 제 모습 그대로인
고요한 겨울숲 겨울나무 앞에서
화려했던 꽃의 시절
빛나던 초록잎의 시절
달콤 풍성했던 열매의 시절 보지요

꽁꽁 얼어붙은 차디찬 겨울
모든 허울 내려놓은 겨울나무엔
이제 화려한 꽃잎도 가고
빛나던 초록잎도 지고
달콤 풍성한 열매도 사라졌지요

옹골지고 힘찬 생명씨앗 빚어내기 위한
한겨울 네 골방 어디 있느냐고 묻는다면
겨울숲 겨울나무에 있다고 말하고 싶네요

그 고독한 골방에서
나를 숨기고 가렸던
겉치레 훌훌 벗어 던져 버리고
겨울나무와 한 몸 되어
태곳적 하늘 이야기 듣고 싶네요

- 봄꿈 꾸는 도토리 -

낙엽이 지는 늦은 가을날
도토리는 땅속에 떨어졌지요
머지않아 겨울이 다가왔지요

찬바람이 거세게 불었지요
함박눈도 쏟아져 내렸지요
땅도 얼어붙기 시작했지요

도토리는 몹시 추웠지요
금세 얼어 죽을 것만 같았지요
캄캄한 땅속이 너무 무서웠지요

도토리는 따뜻한 봄꿈을 꾸기 시작했지요
추위가 더해질수록
더욱 힘을 내어 봄꿈을 꾸었지요

꿈속에서 다람쥐를 만났지요
꿈속에서 사슴벌레도 만났지요
꿈속에서 딱따구리도 만났지요

봄꿈을 꿀 때는 조금도 춥지 않았지요
봄꿈을 꿀 때는 조금도 무섭지 않았지요
봄꿈을 꿀 때는 조금도 힘들지 않았지요

봄날 귀여운 싹이 나는 꿈을 꾸었지요
봄날 예쁜 꽃이 피는 꿈을 꾸었지요
봄날 아기 열매 맺는 꿈을 꾸었지요

꿈을 꾸니 신이 났지요
꿈을 꾸니 매서운 겨울도 겁나지 않았지요
꿈을 꾸니 커다란 도토리나무로 되었지요

2. 한겨울 삼한사온의 의미는

요즘은 희미해졌지만 삼한사온(三寒四溫)은 대한민국과 중국 동북부에서 겨울철에 나타나는 3일간 춥고, 4일간 따뜻해지는 현상을 말한다. 기압골이 빠져나간 뒤 3~4일은 추워지지만, 다음 기압골이 가까이 다가온 탓에 남쪽으로 치우치는 바람이 불어 다시 얼마 동안 따뜻해진다.

최근에는 삼한사온을 '삼한사미'라 부른다. 추울 때는 강한 북서풍에 의해 미세먼지가 사라지지만 조금만 포근해지면 미세먼지가 날아오기 때문이다. 이제 한겨울에도 미세먼지 심한 날이 점점 많아진다.

도종환 시인은 삼한사온에 땅이 얼어 부풀어 오른 서릿발을 '얼음싹'이라고 하여 '봄싹이 돋아 오르는 길'을 만드는 것이라고

했다. 하늘은 강한 추위 속에서 얼어 죽지 않고 견딜 수 있도록
삼일의 추움과 사일의 따뜻함을 적당하게 배치했다. 만약 겨우내
강한 추위만 계속된다면 대부분 생명들은 엄동설한을 이기지 못하고
크게 약해지거나 죽을 것이다. 그래서 엄동설한 속 삼한사온은
하늘의 배려이자 자비이며, 오히려 강한 생명력으로 응축시키는 때인
것이다. 그리고 삶이란 추운 날보다 따뜻한 날이 더 많다는 희망의
메시지이다. 아무리 삶이 고달파도 불행한 날보다는 행복한 날이
더 많으니 용기를 내고 절망하지 말고 살아 보라는 하늘의 격려요,
응원이다.

- 삼한사온 -

씨앗 생명 속 봄 그리움 가득 채우고
따뜻한 꿈 잃지 말고 힘내라 하지요

굳은 땅 흐물흐물 한껏 부풀리고
헐겁게 헐겁게 자꾸만 갈고 갈아
새봄 새싹 움트는 길 곱게 지어내지요

아뿔싸, 삼한사온 사라지면
봄 그리움 누가 채우고
새움길 누가 지어낼꼬

3.
겨울은 왜 추울까

강하고 단단한 씨앗 생명력을 위해

　추운 겨울을 이기지 못한 씨앗은 이듬해 건강한 생명체로 거듭날 수 없다. 추운 겨울은 건강하고 튼실한 씨앗들을 골라내는 하늘의 시험이라 할 수 있다.

　마찬가지로 식물이나 동물들에게 겨울은 시련의 계절이지만 건강한 개체를 살아남게 하여 건강한 자손들을 번식하게 함과 동시에 자연 속 모든 생명이 적정하게 살아갈 수 있도록 조절하는 하늘 손길이기도 하다.

　뇌성마비 프랑스 철학자 알렉산드르 졸리앙은 '나를 아프게 하는 것이 나를 강하게 만든다' 했다. 성공은 그 사람의 지위를 키우지만, 실패는 그 사람을 키운다.

　포리스트 카터의 《내 영혼이 따뜻했던 날들》 한 구절이다. '때로는 혹독한 겨울도 필요하다고 할아버지는 말씀하셨다. 그것은 무엇인가를 정리하고 더욱 튼튼하게 자라게 하는 자연의 방식이었다. 예를 들면 얼음은 약한 나뭇가지만을 골라서 꺾어버리니 강한 가지들만이 겨울을 이기고 살아남게 된다. 또 겨울은 알차지 못한 도토리와 밤, 호두 따위들을 쓸어버려 산속에 더 크고 좋은 열매를 자랄 기회를 제공해 준다.'

- 겨울눈 속에는 -

겨울눈 속에는
무엇이 들어 있을까요
아지랑이 하늘거리는
뜨거운 봄날의 희망이
한가득 쌓여 있지요

겨울눈 속에는
무엇이 들어 있을까요
초록 잎들의 푸른 꿈이
눈부신 꽃들의 화사한 꿈이
알찬 열매들의 달콤한 꿈이
한아름 담겨 있지요

- 겨울눈(冬芽) -

겨울눈은 그리움이지요
긴 겨울 지나는 동안
그리움이 쌓여 배불러 가지요

그리움이 터져 새싹이 되고
그리움이 피어 꽃이 되고
그리움이 익어 열매가 되지요

그리움은
기다림이란 또 다른 이름이지요

얼고 굳은 땅을 부드럽게 해주기 위해

동지를 기점으로 노루 꼬리만큼 조금씩 길어지는 해는 쌓인 눈을 녹여 대지에 머금게 하면서 강한 찬바람으로 땅을 얼게 한다. 입춘 전 땅은 삼한사온 현상으로 인해 얼고 녹기를 반복하는데 이것은 단단히 굳은 흙을 부드럽게 만들어 싹이 뚫고 나오기 쉽게 하는 하늘 쟁기질이다.

입춘에 냉이가 뿌리를 내리려면 흙도 부드러워야 하지만 흙 속 기온도 너무 차면 안 된다. 흙 안의 물이 얼고 녹기를 반복하는 이유는 한기를 밖으로 배출하여 땅속에 온기가 들도록 하는 것이다.

소한, 대한에 이어지는 강추위는 오히려 해와 땅이 봄을 준비하고 있는 신호인 셈이다.

삶에서 추위의 의미는

살아 있는 어떤 생명이든 추운 것을 좋아하지 않는다. 생명들이 원치 않는 겨울 추위의 의미는 무엇일까? 삶에도 겨울 추위와 같은 것이 있다. 그것은 병이나 죽음, 고통이나 절망 같은 불행한 일들이다. 겨울 생명들이 추위를 이겨낼 때 새로운 봄 삶을 얻어 꽃 피우고 열매를 맺듯이 인간들도 겨울 추위 같은 어려움을 이겨낼 때 비로소 아름다운 삶의 열매를 얻을 수 있다. 우리는 겨울에 추위가 있음을 당연하게 생각하듯이 삶에 어려움이 있는 것도 당연하게 여기고 받아들여야 한다.

법정 스님은 《사는 것의 어려움》에서 다음처럼 이야기한다. '이 세상을 고해라고 한다. 고통의 바다라고. 사바세계(娑婆世界)가 바로 그 뜻이다. 이 고해의 세상, 사바세계를 살아가면서 모든 일이 순조롭게 풀리기만 바랄 수는 없다. 어려운 일이 생기기 마련이다.'

어떤 집안을 들여다봐도 밝은 면이 있고 어두운 면이 있다. 삶에 곤란이 없으면 자만심이 넘친다. 잘난 체하고 남의 어려운 사정을 모르게 된다. 마음이 사치스러워지는 것이다. 그래서 보왕삼매론은 '세상살이에 곤란이 없기를 바라지 말라'고 일깨우고 있다. 또한 '근심과 곤란으로서 세상을 살아가라'라고 말한다.

자신의 근심과 걱정을 밖에서 오는 귀찮은 것으로 여기지 말아야 한다. 그것을 삶의 과정으로 여겨야 한다. 자신에게 어떤 걱정과 근심거리가 있다면 회피해선 안 된다. 그걸 딛고 일어서야 한다.

저마다 이 세상에 자기 짐을 지고 나온다. 그 짐마다 무게가 다르다. 누구든지 이 세상에 나온 사람은 남들이 넘겨볼 수 없는 짐을 지고 있다. 그것이 바로 인생이다. 세상살이에 어려움이 있다고 달아나서는 안 된다. 그 어려움을 통해 그걸 딛고 일어서라는 새로운 창의력, 의지력을 키우라는 우주의 소식으로 받아들여야 한다.

겨울 추위 없이 생명이 강해질 수 없듯이 삶에 있어서 고통과 고난, 역경은 인간다운 인간, 성숙한 인간이 되기 위한 통과의례와 같은 것이다. 불교에서 말하는 '인간 세상이 고해(苦海)'인 이유는 우리에게 저주가 아니라 어쩌면 축복일 수 있다.

4.
생명력을 응축시킨다는 것은

　식물들은 씨앗 속에 한 생명을 담는다. 봄날 새 생명이 건강하게 태어나기 위해선 씨앗 속에 강한 생명력이 있어야 한다. 한겨울 동안 자기 생명력을 최대한 응축시키면서 봄에 대한 준비를 제대로 해야 한다. 삶의 준비를 제대로 하면 살려는 힘이 절로 생긴다. 지금 여기에 삶에 최선을 다할 때 다음 삶은 절로 이어지고 맺어진다. 절기살이란 지금 여기에, 이 순간을 놓치지 않고 자기 때에 대한 책임을 다하는 삶이다.
　겨울이란 깊은 고독 속에서 지난 삶을 혹독하게 성찰하고 새로운 삶을 그리며 준비하는 기간이다. 겨울을 잘 보내지 않은 씨앗은 봄날 새로운 생명으로 태어나지 못하듯이, 우리네 삶도 겨울 동안 혹독하게 돌아보고 삶을 고민하지 않으면 이듬해 알맹이 없는 빈 껍질만 남을 것이다. 시련과 고통은 삶의 힘과 지혜로 만드는 과정이다. 강철은 두들길수록 단단해지고, 매화는 찬바람 속에서 향기가 만들어진다.
　자신의 생명력을 응축시키는 것은 자신과 삶, 그리고 세상(자연)에 관한 공부(성찰)다. 삶 자체가 공부다. 신영복 선생은 '공부는 모든 살아 있는 생명의 존재 형식' 공부 아닌 것도 없고 공부하지 않는 생명이 없다는 것이다. 사람이 사람 될 수 있는 일이 공부라고 했다. 옛날에는 공부를 구도(求道)라고 했는데 구도는 고행이 전제됐다. 공부는 고생 그 자체고 고생을 해야 세상도 알고 철이 든다는 것이다.

5.
어떻게 생명력을 응축시킬까

추워질수록 천지 기운이 내 안으로 깊게 들어와 몸과 마음을 웅크리게 한다. 웅크린다는 것은 이제 모든 기운을 자신의 내면에 집중시켜 내면의 소리를 듣고 자신(삶)의 진실을 직시한다는 의미다. 겨울철 나무가 화려한 꽃과 잎, 열매를 다 내려놓고 자신을 있는 그대로 드러내 보이듯이 자신의 진실을 직시하기 위해서 자신을 둘러싼 겉치레와 허울을 훌훌 벗어던지고 맨 자신이 되어야 한다. 그리고 자신을 잘 들여다볼 수 있는 장소와 자신을 잘 성찰하게 하는 화두가 있어야 한다.

인디언들은 사방이 고요한 평원이나 산속에서 자신의 내면과 가장 잘 만날 수 있다고 여겨 어렸을 때부터 홀로 고요한 평원이나 산속에서 자신과 만나고 위대한 정령과 대화해 왔다.

함석헌 선생은 우리에게 묻는다. '그대는 골방을 가졌는가. 이 세상 소리가 들리지 않는, 이 세상 냄새가 들어오지 않는 은밀한 골방을 가졌는가? 그대 맘의 대문 은밀히 닫고 소리와 냄새 다 끊어버린 뒤 맑은 등잔 하나 가만히 밝혀 놓으면 극진하신 임의 꿈 같은 속삭임을 들을 수 있다'라고 말이다.

법정스님은 《물소리 바람소리》에서 '홀로 있을수록 더욱 넉넉하고 풍성한 속뜰을 가꿀 수 있고, 푹 묻혀서 한 가지 일에 몰입함으로써 자기 자신을 익히려는 것이다. 밖을 쳐다보지 않고 자신을 들여다보는 일로써 정진으로 삼는다'라고 이야기한다.

이와 함께 나뿐만 아니라 나와 내 삶을 둘러싼 사회와 국가, 지구와 자연 문제에 대한 진지한 물음도 필요하다.

 ○ 응축(성찰)의 화두(거울)
 - 나는 누구인가? 생명의 의미는?
 - 나는 어떻게 살고 있으며, 살아야 하는가?
 - 나는 때와 때의 의미를 알고 사는가?
 - 나는 누구와 어떤 관계를 맺고 사는가?
 - 나는 무엇을 나누며 살고 있는가?
 - 나는 밥값(생명값)하며 생명빚을 갚고 살고 있는가?

6. 함께 생각해 보자

○ 나는 겨울 추위를 어떻게 보내고 있는가?
○ 내 생명력은 얼마만큼 응축시키고 있는가?
○ 새봄에 대한 꿈과 그리움을 얼마나 쌓아 놓고 있는가?
○ 겨울 절기에 사라진 절기 현상은 무엇인가?
○ 삼한사온의 의미는 무엇인가?

- 밥값 -

밥값은 생명값이고
생명값은 생명빚이지요

밥 한 알만 먹는 게 아니라
밥 한 알을 만든
밥 한 알에 담긴
수많은 생명을 먹는 거지요

내 생명 만들어 살아가게 한
그 생명 소리 듣고 사는가요
그 생명 뜻 받들고 사는가요
그 생명 잘 모시고 사는가요

밥값 하며 살아야 하지요
생명값 하며 살아야 하지요
생명빚 갚고 살아야 하지요

입춘과 우수 - 2월
누구에게나 봄은 오지만 아무에게나 봄은 아니야

1.
입춘과 우수는
어떤 절기인가

입춘(立春, 2월 4일쯤) / 드는봄

입춘은 봄이 시작되는 계절이지만 아직 김장독에 오줌독까지 깨질 만큼 추위가 강하다. 입춘은 음력으로 섣달에 들기도 하고 정월에 들기도 하며 섣달과 정월에 거듭 들기도 한다. 이런 경우를 재봉춘(再逢春)이라 한다.

정월은 새해에 첫 번째 드는 달이고, 입춘은 대체로 정월에 첫 번째로 드는 절기다. 입춘은 새해를 상징하는 절기로 여러 가지 민속행사가 열린다. 그 가운데 하나가 입춘첩(立春帖)을 써 붙이는 일이다. 이것을 춘축(春祝), 입춘축(立春祝)이라고도 하며, '입춘대길 건양다경(立春大吉 建陽多慶)' 같은 글을 대문 기둥이나 대들보, 천장에 써서 붙이는 것을 말한다.

입춘대길 건양다경은 '봄이 시작되니 크게 길하고 경사스러운 일이 많이 생기기를 바란다'라는 의미다. 우리 선조들은 입춘축을 집 안 곳곳에 써 붙여 집안의 안녕, 번영, 길상, 장수 등을 기원했다.

제주도에서는 '입춘굿'을 한다. 무당 조직의 우두머리였던 수신방(首神房)이 맡아서 하며 이때 농악대를 앞세우고 가가호호를 방문하여 걸립(乞粒 : 걸립패가 집집이 돌아다니면서 돈이나 곡식 등을 걷는 일)하고, 상주(上主), 옥황상제, 토신, 오방신(五方神)을 제사하는 의식이 있었다.

입춘일은 농사 기준이 되는 첫 번째 절기인 탓에 보리뿌리를 뽑아 보고 농사의 흉풍을 가려보는 농사점을 쳤다. 뿌리가 세 가닥이면 풍년, 두 가닥이면 평년작, 한 가닥이면 흉년이라고 점쳤다. 또, 오곡의 씨앗을 솥에 넣고 볶아서 맨 먼저 솥 밖으로 튀어나오는 곡식이 그해 풍작이 된다고 한다.

또한, 입춘 때는 대추나무 시집 보내기(嫁棗) 풍습이 있는데 조선 후기 실학자 심해웅의 《조설》에 따르면 정월 초하루 해 뜨기 전 도끼날을 거꾸로 하고 대추나무를 내려치면서 열매 열지 않는 대추나무 앞에서 한 사람은 '베어 버리겠다' 으름장을 놓고 또 한 사람은 대추나무를 변명해서 말하면 열매가 잘 열린다고 한다. 벽돌이나 기와를 끼워 놓은 나무의 대추를 먹으면 신선이 된다고 했다.

- 입춘 절후 현상

초후에는 동풍이 불어서 언 땅을 녹이고, 중후에는 동면하던 벌레가 움직이기 시작하고, 말후에는 물고기가 얼음 밑을 돌아다닌다.

- 요즘 입춘 절기 현상
  - 서리 많이 내리고 안개 자주 낀다.
  - 가끔 한파주의보 내린다.
  - 봄볕이 따뜻하여 봄기운 느낄 수 있다. (초후)
  - 멧비둘기, 딱따구리 같은 새들의 활동이 활발하다. (초후)
  - 낮부터 영상으로 기온이 올라간다. (중후)
  - 복수초와 풍년화 등 꽃핀다. (중후)
  - 양지에 풀 새싹이 올라오기 시작한다. (말후)
  - 파리류, 나방류 곤충들이 보이기 시작한다. (말후)
  - 얼음이 녹은 계곡에 도롱뇽, 산개구리 성체가 보인다. (말후)

우수(雨水, 2월 19일쯤) / 봄부름비

우수(雨水)는 겨울 날씨가 거의 풀리고 봄바람이 불기 시작하는 시기로 비에 땅이 녹고 풀리며 새싹이 돋아나는 때다. 봄절기라고 해도 비와 눈이 엇갈리며 아직도 동장군의 마지막 안간힘은 남아 있다.

예로부터 우수 경칩은 대동강 물이 풀리며 봄이 가까이 왔음을 알리는 문턱이었다. 이 우수를 기준으로 수달은 물 위로 올라오는 물고기를 잡아 먹이를 마련하고, 추운 지방 새인 기러기는 봄기운을 피해 다시 추운 북쪽으로 날아간다. 봄은 어느새 완연해 초목에 싹이 트지만 날씨는 여전히 쌀쌀하다. 우수 때 얼었던 강물이 녹듯이 사람들도 동지 때 미처 해소하지 못한 응어리도 풀고 겨울 동안 굳었던 몸도 풀어 새롭게 봄을 준비한다.

- **우수 절후 현상**

  초후에는 수달이 물고기를 잡아다 늘어놓고, 중후에는 기러기가 북쪽으로 날아가며, 말후에는 초목이 물을 빨아들여 싹이 튼다.

- **요즘 우수 절기 현상**
  - 봄비 자주 내려 얼음이 녹고 땅은 질퍽하다.
  - 기러기가 북으로 날아가기 시작한다.
  - 산개구리와 도롱뇽 알과 성체가 보인다.
  - 봄기운이 뚜렷하다.
  - 직박구리, 박새, 오목눈이 등 새들이 나무 수액을 먹는다. (초후)
  - 냉이, 봄까치꽃, 영춘화, 납매 같은 꽃이 핀다. (초후)
  - 아침 기온이 0도 넘게 올라간다. (중후)
  - 네발나비, 지렁이 똥이 보인다. (말후)
  - 회양목, 갯버들, 길마가지, 매화, 노루귀 같은 꽃이 핀다. (말후)

절기 속담

〈입춘〉
- 가게 기둥에 입춘, 흥부 집에 입춘방(격에 어울리지 않음을

의미).
- 입춘 거꾸로 붙였나(날씨가 새로 추워짐).
- 입춘 날 무순 생채냐. (맛있거나 신나는 일을 빗댈 때 쓴다. 입춘 시식으로 먹던 무순 생채에 비유해 음식도 제철음식이 가장 좋다는 뜻)

〈우수〉
- 우수 경칩이면 대동강 물도 풀린다.
- 우수 뒤에 얼음 같다(슬슬 녹아 없어짐).

절기 시

- 봄맞이(입춘) 즈음 -

봄기운 모락모락 피어오르고
부드러운 햇살 품은 봄맞이 즈음

또르르르 또르르르
쉼 없이 나무 쪼는 딱따구리들

나무속 꿈틀대던 애벌레들
가슴만 콩닥콩닥 다시 얼음땡

- 봄부름비 -

똑 똑 똑
잠들었던 생명 일깨우는
봄부름비

촉 촉 촉
목말랐던 생명 적셔주는
봄부름비

- 봄비 -

촉촉촉
촉촉촉

봄비는
촉촉하게 살라고 하지요

촉촉해야
부드러워지기 때문이지요
촉촉해야
씨앗 싹 틔우고 꽃 피워
열매 맺을 수 있기 때문이지요

촉촉하게
촉촉하게
- 봄 오는 소리 -

봄햇살은
소곤소곤

개울물은
재잘재잘

풀새싹은
도란도란

겨울눈은
콩닥콩닥

내가슴은
벌렁벌렁

입춘제 지내보자

 입춘 때 '입춘대길'이라는 글을 써서 한 해 소망을 생각하듯이, 가족이나 지인 등이 서로 모여 올해에 자기 꿈과 하고 싶은 일을 이야기 나눈다. 그것을 적은 씨앗 쪽지를 만들어 타임캡슐에 담아 놓고 여름 하지제와 가을 추분제 때 점검해 보고, 겨울 동지제 때

확인해 본다.

입춘방 써보기 : 올해 소망을 담아 새롭게 써보자.

*옛 입춘방
  입춘대길(立春大吉), 건양다경(建陽多慶)
  거천재 래백복(去千災 來百福),
    모든 재앙은 물러가고 복은 오길
  수여산 부여해(壽如山 富如海),
    산처럼 장수하고, 재물은 바다처럼 쌓이길.
  부모천년수 자손만대영(父母千年壽 子孫萬代榮),
    부모는 천년을 장수하고, 자식은 만대까지 번영하길.
  재종춘설소 복축하운흥(災從春雪消 福逐夏雲興),
    재앙은 봄눈처럼 사라지고, 행복은 구름처럼 일어나길.

입춘 솟대 만들기

솟대는 마을을 평화롭게 지켜주는 수호신으로 장대 끝에 새를 만들어 붙이는 것인데 새해 자신의 희망을 담고 자신과 가족을 지켜주는 입춘 솟대 만들기를 해본다.

*새(오리) 의미 : 하늘과 지상을 두루 돌아다니는 존재로서, 인간의 꿈을 실현해주고 신의 뜻을 전달하는 계시자의 역할. 오리는 물새로서 농경사회에서 비를 가져와 풍년을 들게 하고, 불을 막아주는 의미.

2.
입춘(立春), 봄을 세운다는 의미는

사실 양력 1월 1일은 자연 흐름으로 볼 때 의미 없는 날이다. 동지는 하늘의 봄이 시작되는 때며, 입춘은 땅의 봄이 시작되는 때로서 한 달 뒤 다가올 봄을 미리 준비해야 할 시기다.

입춘이 '入春'(봄에 들어가는 것)이 아니라, '立春'(봄을 세운다, 봄을 맞는다)인 것은 바로 하늘이 준비한 봄을 내 봄으로 만들기 위해 함께 준비해야 한다는 의미다. 봄은 누구에게나 찾아온다. 하지만 모두에게 봄이 되지 않는다.

땅(농사)의 봄이 시작되는 매우 중요한 절기다. 절기의 결과인 잘 익은 열매는 봄에 꽃피는 데서 시작되기 때문이다. 입춘은 하늘이 만든 봄을 각자 준비해 자기의 봄으로 만들라고 미리 우리에게 귀띔하는 자애로운 절기다.

- 입춘 절기에 봄을 준비하는 물음

　봄은 어떤 절기인가? (봄 절기 의미)
　뿌릴 씨앗과 부드러운 마음밭은 준비되었는가?
　깨어남의 의미를 알고 깨어 사는가?
　나는 무슨 꽃이며, 그 꽃을 피우고 있는가?
　내가 열매를 맺도록 도와줄 벌(생명 동무)은 있는가?
　나는 벌처럼 다른 사람이 열매를 맺도록 돕고 있는가?

- 내 봄인가 네 봄인가 -

봄은 누구에게나 찾아오지만
아무에게나 제 봄은 아니지요
봄이 왔으나 제 봄이 아닌 것은
봄과 한 몸 되지 못함이지요
봄은 기다리고 찾아가는 것이 아니라
스스로 준비하고 일으켜 세우는 것이지요

봄 되어 풀꽃나무가
저마다 싹틔우고 잎을 내고 꽃피우는 것은
타고난 제 빛깔 제 모습 잃지 않고
제때 잊지 않고 때와 한 몸 되어 살기 때문이지요

3.
우수 절기
의미는

'우수는 하늘의 소식(천기)으로 깨어나는 비다.'(김희동) 우수에
대동강물이 풀린다는 속담처럼 새봄을 맞아 힘차게 출발하기
위해서는 겨울 동안 꽁꽁 얼었던 내 삶도 제대로 풀어내야 한다. 이를
위해 내 안에서 무엇이 뭉쳐 있고 얼어 있는지, 내 밖에서 무엇이
엉켜 있고 묶여 있는지를 잘 살펴야 한다.

이와 함께 굳었던 몸도 부드럽게 풀어야 한다. 먼저 겨우내 굳어진 뼈마디를 풀어야 할 것이다. 우수에 천지 자연은 따뜻한 햇볕과 비로 언 땅을 녹이는데, 뭉치고 닫힌 우리 몸과 맘을 무엇으로 풀지 생각해 보자.

가장 큰 힘은 사랑하는 마음, 분별과 차별 없이 다양성과 개성을 존중하고 인정해 주는 넉넉한 마음, 네가 있으니 내가 있다는 하나 된 마음, 모든 생명에게 빚지고 산다는 감사의 마음일 것이다.

- 비의 이름

빗줄기 굵기 따라 : 이슬비, 보슬비, 부슬비, 가랑비, 안개비,
                 우는 개비

비 양과 기간 따라 : 여우비, 발비, 동이비, 와락비, 날비,
                 벼락비, 소낙비, 장맛비

비 내린 뒤 효과 따라 : 단비, 꿀비, 흙비, 먼지잼비

*먼지잼비 : 보일 듯 말듯 겨우 먼지나 잠재우듯 땅바닥
         촉촉이 적시는 비

*는개비 : 안개비보다 좀 굵고 이슬비보다 작고 가늘게
        느릿느릿 떠다니듯 내리는 비

*발비 : 두꺼운 먹장구름이 절벽처럼 딱 멈추고 쏟아져 발 친
       듯 앞이 캄캄하게 오는 비

*동이비 : 한가득 담은 물동이를 들이붓듯 와장창 한꺼번에
         잠깐 쏟아지는 비

*와락비 : 갑자기 먹장구름 몰려와 와르륵 와락 흩뿌리고 가는
         비

*꿀비 : 가뭄에 농작물이 죽어갈 때 꿀처럼 달게 수많은 생명

살리러 오는 비
*단비 : 곡식이 싹 트고 자라야 할 제때마다 알맞게 맞추어
　　　내리는 달콤한 비
*출처:《비》(이주영 씀, 박소정 그림, 고인돌 펴냄)

4.
봄을 세우기 위해
풀어야 할 것은

몸풀기

몸이 건강해야 맘도 건강하고 일도 제대로 할 수 있다. 봄이 되어 몸을 잘 풀어야 한 해를 건강하게 잘 살아갈 수 있다. 몸을 풀기 위해선 먼저 겨울 동안 굳었던 내 몸이 어떤 상태인지를 확인해 본다. 대부분 건강검진을 연말에 하는데 연초에 하는 것이 더 바람직하다고 볼 수 있다. 한 해를 건강하게 살기 위한 몸을 만들기 위해 규칙적인 운동과 산행을 통해 부드럽게 몸을 푼다.

마음풀기

마음풀기란 쌓였던 오해, 감정, 마음 빚처럼 좋은 관계를 얼어붙게 했던 것들이 남아 있는지 살펴보고 말끔하게 청산하는 것이다. 아픈 마음, 화난 마음, 불안한 마음, 괴로운 마음은 자갈투성이 밭 같다. 그런 밭에 씨앗을 뿌리면 잘 자라지 않는 것처럼 마음의 밭을 잘 갈고닦아야만 씨앗이 잘 자라 풍성한 열매를 만들어낼 수 있다.

일풀기

작심삼일이란 말이 있다. 누구나 한 해 시작할 때 금연, 금주, 살빼기 같은 많은 계획을 세우나 그 계획대로 사는 사람은 드물다. 왜 그럴까? 동기가 불분명하고, 실천 계획이 부실하기 때문이다.

일풀기란 한 해를 제대로 살기 위한 일을 정할 때 막연한 감정이 아닌 확실한 동기 부여와 지식 공부, 기술, 환경을 잘 준비해 낱낱이 자세하게 일 년 계획을 세우는 일이다. 입춘제 때 입춘축을 쓰면서 올 한 해 하고 싶은 일이나 지난해 마음에 새겨둔 것들에 대해 자세하게 실천 계획을 세워 본다.

5. 함께 생각해 보자

- **입춘 절기에**
  - 봄은 어떤 때인가?
  - 입절기의 의미는 무엇인가?
  - 봄바람은 왜 불까?
  - 나는 어떻게 봄을 준비하고 있는가?
  - 올해 뿌릴 씨앗은 무엇인가?

- **우수 절기에**
  - 우수비 의미는 무엇인가?
  - 지금 내 마음밭은 어떤가?

○ 우수에 무엇을 어떻게 왜 풀어야 하는가?
○ 촉촉한 삶이란 무엇인가?
○ 나는 촉촉한가? 어떻게 해야 촉촉해질까?

경칩과 춘분 - 3월
어서 깨어나 이제 봄이야

1.
경칩과 춘분은
어떤 절기인가

경칩(驚蟄, 3월 5일쯤) / 깨어날봄
경칩은 세 번째 절기로 봄기운이 도는 3월 5일경이다. 경칩의 경(驚)은 '말이 앞발을 들어 위를 보고 놀라다', 칩(蟄)은 '숨어서 겨울잠을 자는 벌레'라는 뜻이다. 겨우내 땅속에 숨어 있던 벌레가 깜짝 놀라 깨어난다는 뜻이다. 겨우내 언 땅을 녹이고 잠자던 씨앗과 벌레, 개구리들이 경칩에 이르러 기지개를 켜고 밖으로 나온다.
 입춘부터 춘분까지는 봄을 알리는 하늘 알람 같다. 입춘과 우수는 봄바람과 봄비로 생명을 깨우는 조용한 첫 알람이고, 춘분은 천둥번개와 비바람으로 아직 깨어나지 않은 생명들을 강하게 흔드는 두 번째 알람이다.
 세시풍습에 경칩을 '연인의 날'이라 했다. 만물이 소생하는 경칩에 젊은 연인이 서로 사랑을 확인하기 위해 은행 씨앗을 선물로 주고받고 날이 어두워지면 동구 밖에 있는 수나무 암나무를 돌며 정을 다졌기 때문이다.

- 경칩 절후 현상

초후에는 복숭아꽃이 피기 시작하고, 중후에는 꾀꼬리가 울고, 말후에는 매가 비둘기로 변한다.

*경칩 초후 복숭아꽃이 핀다고 하였는데 요즘은 청명 지나 핀다. 복숭아꽃보다는 매화꽃이 더 개화 시기에 맞는다고 할 수 있다.
*경칩 중후에 '꾀꼬리가 운다'라는 말은 우리 생태환경에 맞지 않다. 꾀꼬리는 중국 남부, 인도차이나, 미얀마, 말레이반도 따뜻한 곳에서 월동하고 4월 하순에서 5월 초순에 우리나라로 오는 여름철새이기 때문이다. 경칩 즈음인 3월에 우리나라에는 날아오지 않는다. 일본에서는 휘파람새를 봄 알리는 새(春告鳥)라 한다.

- 요즘 경칩 절기 현상

- 지렁이 똥이 보이고 산개구리와 두꺼비가 산란한다.
- 가끔 꽃샘추위, 미세먼지, 황사가 나타난다.
- 아침 기온이 영상으로 올라간다. (초후)
- 냉이, 새포아풀이 꽃핀다.
- 개암나무, 생강나무, 산수유, 올괴불나무, 제비꽃, 복수초,
- 노루귀, 현호색 같은 꽃이 핀다. (중후)
- 기러기가 북으로 날아가고 여름새인 저어새가 온다. (중후)
- 천둥과 번개를 동반한 강한 비바람이 분다. (중 말후)
- 매화, 개나리, 진달래 같은 꽃이 핀다. (말후)

춘분(春分, 3월 20일쯤) / 온봄

춘분은 태양이 남쪽에서 북쪽으로 향해 적도를 통과하는 점, 곧 황도(黃道)와 적도(赤道)가 교차하는 점인 춘분점(春分點)에 이르렀을 때다. 태양의 중심이 적도(赤道) 위를 똑바로 비춰, 양(陽)이 정동(正東)에 음(陰)이 정서(正西)에 있으므로 춘분이라 한다. 춘분(春分)은 봄을 나눈다는 한자어인데, 봄을 둘로 나누어 한가운데라는 뜻이다. 그래서 밤과 낮이, 음 기운과 양 기운이, 추위와 더위가 같아지는 때이다. 춘분을 기점으로 낮 시간이 밤 시간보다 서서히 길어진다. 이제 추운 겨울이 지나고 따뜻한 날이 왔음을 의미한다. 낮에는 양의 기운이 강해 따뜻하지만 아침저녁에는 음의 기운이 강해 쌀쌀하다.

춘분 즈음 농가에서는 봄보리를 갈고 춘경(春耕)을 하며 담도 고치고 들나물을 캐 먹는다. 이때 꽃샘추위가 나타난다. 입춘에 봄을 생각하고, 우수에 마음을 녹이며, 경칩에 개구리처럼 튀어나갈 준비를 마친 뒤 봄의 출발선에서 몸과 마음 모든 준비 잘 마치고 한 해의 삶 열매 위한 첫 발을 떼는 때이다. 그리고 춘분 때 갑자기 영하로 기온이 떨어지는 것이 꽃샘추위다. 꽃샘추위는 경칩 때 나온 생명들을 혼낸다. 산간 계곡에 얼어 죽은 개구리들이 많이 보이기도 한다.

꽃샘추위는 새로운 봄을 맞기 위해 통과의례다. 한 해를 무사히 보내려면 꽃샘추위라는 시험을 잘 치러야 한다.

- 춘분 절후 현상

초후에는 제비가 남쪽에서 날아오고, 중후에는 우렛소리가 들려오며, 말후에는 그 해에 처음으로 번개가 친다.

- 요즘 춘분 절기 현상
  - 가끔 천둥 번개가 치고 강한 비바람이 분다.
  - 심한 미세먼지와 황사가 나타난다.
  - 텃새들 구애 소리, 짝짓기 모습을 볼 수 있다.
  - 오목눈이, 멧비둘기가 알을 품다. (초후)
  - 휘파람새(남부), 제비 날아온다. (중후)
  - 호랑지빠귀, 되지빠귀가 찾아온다. (중 말후)
  - 뿔나비, 애호랑나비, 쇳빛부전나비, 멧팔랑나비가 보인다. (말후)
  - 목련(초후), 벚나무, 앵두나무, 살구나무에 꽃이 핀다. (말후)
  - 나무 새싹이 자라기 시작하여 연둣빛 산으로 변한다. (말후)

절기 속담

〈경칩〉

- 경칩 난 게로군(벌레가 경칩이 되면 입을 떼고 울기 시작하듯이 입을 다물고 있던 사람이 말문을 연다).
- 경칩이 되면 삼라만상이 겨울잠에서 깨어난다.
- 우수경칩이 되면 봄이 문턱에 온다.
- 우수경칩에 김장독 터진다.
- 우수경칩에 대동강물 풀리고 경칩에 뱃사람 떠나간다.

〈춘분〉

- 꽃샘추위에 설늙은이(반늙은이) 얼어 죽는다.
- 2월 바람에 김칫독 깨진다.
- 2월이 되면 머슴은 호미 쥐고 울고 여자는 부엌문 잡고 운다.
- 2월에 눈이 내려야 보리 풍년이 든다.
- 춘분에 서풍이 불면 보리흉년이 든다.
- 2월 20일에 비 오면 대풍이 들고, 구름 끼면 중풍이 들고, 날씨 맑으면 흉년 든다.
- 2월 늦추위에 중 발 터진다.
- 2월 바람이 눈보라보다 차다.
- 2월에서 삼월로 바뀌는 때의 추위는 겨울 같이 춥다.

절기 시

- 깨어날 봄, 경칩 -

개구리와 벌레들이
어서 깨어나야 한다고 하네요
개구리와 벌레들이
정말 깨어났느냐고 하네요
개구리와 벌레들이
언제나 깨어 있느냐고 하네요

어떻게 해야 깨어나는 것인지

어떻게 해야 깨어난 것인지
어떻게 해야 언제나 깨어 있는 것인지
묻고 또 물어야 할 경칩이지요

- 춘분날 즈음 -

봄이 시작되는 입춘 이후
음의 기세에 살살 기던 양이
조금씩 힘을 모아 춘분날 되자
이제 자기 세상 되었다고 외치는데

아직은 어림없다고
이렇게 시퍼렇게 살아 있다고
눈 부라리며 용쓰는 음의 위세에
봄은 왔으나 봄 같지 않네요

낮에는 양의 세상
밤에는 음의 세상
낮에는 양의 눈치 살피랴
밤에는 음의 눈치 살피랴

고래 싸움에 새우등 터진다고
장단 맞추지 못해 해롱해롱 비틀비틀
여기저기 훌쩍훌쩍 콜록콜록

손꼽아 청명만 기다리는 춘분날 즈음

- 딱따구리의 울림 -

이 세상에
가장 놀라운 일은
가장 즐거운 일은
가장 소중한 일은
바로 지금 살아 있다는 것이지요

살아 있다는 것이야말로
최고의 기적이요
최고의 선물이지요
이 엄청난 기적과 선물은
그저 우연히
오지 않지요

살아간다는 것은
누군가의 목숨을 먹는 일이지요
살아있다는 것은 수많은 죽음의 힘이지요
이것이 삶과 죽음의 참모습이지요

또르르르
또르르르

경칩 절기 딱따구리 소리가
목탁이 되고 죽비가 되어

쉼 없이 내 가슴을 쪼아 댑니다

네가 진정 누구인지 아느냐고
너는 어떻게 살아가고 있느냐고

2.
깨어 있다는 것은 의미는

　경칩의 의미는 봄의 때를 알고 깨어난다는 것이다. 경칩에 개구리와 벌레가 깨어나 봄을 준비하듯 우리도 깨어나 자기 삶의 때를 알고 준비해야 한다. 우리에게 깨어 있다는 것은 무엇일까? 늘 깨어 있으려면 어떻게 해야 할까?
　먼저 때를 알고 사는 것이다. 지금 나는 어떤 때이며, 내가 살아가야 하는 모습이 무엇인지를 아는 것이다. 늘 깨어 있으려면 먼저 나는 누구이며, 나는 어떻게 살고 있는가, 생명의 의미를 알고 살아가고 있는가를 물어야 한다. 그 다음 나는 어떤 시대에 살고 있으며 어떤 시대정신으로 살아가고 있는가를 물어야 하고, 천지 자연 흐름인 절기와 하나뿐인 지구 생태계의 실상을 제대로 알고 사는가를 끊임없이 물어야 한다.

깨어 있는 삶이란, 홀로 살아갈 수 없으므로 함께 살아가야 한다는 생명의 의미를 알고 사는 삶, 그리고 자기 생각과 자기 이름으로 자기답게 사는 삶이다. 또한, 내 생명의 설계도에 그려진 대로 지금 자연의 때를 알고 자연 안에서 그 흐름대로 자연처럼 사는 삶이다.

그리고 깨어 사는 삶이란 경계에 서서 살아가는 삶이다. 경계의 삶이란 늘 예민해야 하고 불안과 모호함을 품고 문제의식 속에 살아야 한다. 늘 열린 마음으로 현실에 안주하지 않고 새롭게 보고 살아가는 삶이다. 주어진 답을 찾는 것이 아니라 끊임없이 스스로 질문하는 것이다. 다른 생각에 지배당하는 삶이 아니라 스스로 생각하는 삶이어야 한다. 내 생각과 행동이 옳다면 남의 생각과 행동도 옳을 수 있다고 존중하고 배려하는 것이다.

늘 깨어 살라는 경칩 절기살이는 경칩 절기에만 해당하지 않는다. 절기마다, 해마다 경칩 절기 의미를 묻고 일생이 경칩 절기가 되어야 한다. 경칩 절기뿐만 아니라 절기마다 우리가 묻고 살아야 할 절기 의미와 절기살이는 모든 삶의 순간순간 마음속에 새겨야 할 화두와 같다.

- 깨어 있음 -

우연히 태어난 생명 하나 없고
저절로 살아가는 생명 하나 없고
의미 없이 존재하는 생명 하나 없지요

그래서 하늘 같지 않은 생명 없고

그래서 하늘 같지 않은 삶이 없고
그래서 하늘 같지 않은 존재 없지요

만나는 생명을 하늘처럼 대하고
지금 이 순간 여기에서 살아가야
참으로 깨어 있는 존재이지요

나는 정말 깨어 있는 존재인가요
나는 정말 깨어 살아가는 모습인가요
묻고 또 물어야 할 깨는 봄입니다

3.
왜 인간들은 때를 잘 모를까

 경칩이 되면 풀도 나무도 벌레도 스스로 봄이 왔음을 알고 일제히 깨어난다. 시계도 없고 누가 가르쳐주지도 않았는데 말이다. 그런데 만물의 영장이라는 인간들은 왜 자연의 때를 느끼지도 알지도 못할까? 원래 인간들은 때를 알지 못하게 태어났을까? 아니다. 인간들도 다른 생명들처럼 자연 흐름이나 현상을 저절로 느끼며 살아가도록 태어났을 것이다. 그런데 지금 우리 인간을 보면 자연 흐름이나 현상에 대해 거의 무감각해 때를 모를뿐더러 느끼지도 못하고 살아가고 있다. 본래 생명이 가지고 있는 본성(야생성), 곧 자기 생명력을 잃어버렸기 때문이다. 자연에서 살아가는 생명들은 모두 야생성을 가지고 있으므로 실시간 자연의 변화를 느끼고 자연의 흐름대로 살아갈 수 있다. 인간은 왜 야생성을 상실했는가? 인간이 자연에서 멀어진 결과라고 생각한다. 이것을 '자연결핍장애'라고 부른다.

인간이 자연에서 멀어진 이유로는 여러 가지가 있는데 우선 도시화다. 현대 인간들 대다수는 도시에서 생활하고 있으므로 자연과 떨어져 살 수밖에 없어 자연을 느끼고 알 수 있는 기회가 크게 줄어들었다. 또한, 더욱 편하고 안락한 삶을 추구하는 인간의 과학기술 문명에 의해 야생성, 즉 생명 본성이 사라진 결과라고 할 수 있다. 라디오로 비유하자면 수신 안테나가 고장 나서 소리를 들을 수 없는 것이고 곤충으로 말하면 더듬이가 사라진 것이다. 인간이 야생성을 잃은 또 하나의 이유는 길들여졌기 때문이다. 야생 늑대 눈빛과 길들여진 강아지 눈빛이 다른 것처럼 길들여진 생명은 야생성이 사라져 무감각해진다.

국가권력과 절대 종교가, 그리고 돈이라는 자본주의가 인간을 철저하게 길들이고 있다. 자기 정체성을 잃어버리고 살아가는 노예처럼 국가나 유일신에게, 돈에게 철저하게 길든 채 살아온 탓에 자기 생명력을 잃고 다른 생명과 교감하지 못하며 살아가고 있다.

자연 생명 교육은 사라진 생명더듬이를 살리고 생명 본성(야생성)을 회복하게 하는 일이다. 그래서 다른 생명과 서로 교감하며 자기 생명력으로 서로 나누고 함께 살아가게 하는 교육이다.

- 생명을 길들이지 말아요 -

생명은 길들이는 것이 아니지요
생명은 누가 만든 꼴에 억지로 맞추는 것도 아니지요

생명은 하늘 주신 그대로 사는 것이지요
생명은 타고난 본성 그대로 사는 것이지요
생명은 자기처럼 그대로 사는 것이지요

4.
꽃샘추위
의미는

꽃샘추위는 조금 따뜻해졌다고, 봄이 왔다고 들떠서 함부로
행동하지 말라는 하늘의 경고다. 삶을 진지하게 살라는 뜻이다. 보통
춘분 무렵 사람들은 봄이 왔다고 활개 치다가 몸살 나기 십상이다.
그리고 꽃샘추위는 새봄을 잉태하기 위한 산모의 고통 같은 것이다.

- 꽃샘추위 -

사촌이 땅을 사면 배가 아픈 사람들이
봄꽃 시샘하여 심술 부린다고 하지만

엄하고 무뚝뚝하지만 속정 깊은 아비 같지요

좋은 시절 왔다고 들떠 나대지 말고
좋은 시절이라고 어려운 시절 잊지 말고
힘든 시절 살듯이 늘 조심조심 살라는 말이지요

5.
춘분 때
천둥번개의
의미는

　춘분 말후에 천둥번개가 치는 것은 왜일까? 새봄에 새 생명을 잉태하려는 자연의 산고일까? 경칩이 되면 따뜻한 봄기운(양기)으로 인해 대부분의 생명들이 깨어난다. 봄을 준비하기 위한 마지노선 같은 시기이기 때문이다. 경칩이 지나도록 미처 깨어나지 못한 늦되거나 게으른 생명들도 있기 마련이다. 이때 하늘은 더 이상 봄날을 놓치지 않고 준비하도록 하늘과 땅의 기운을 뒤섞는 외침인 천둥번개를 번쩍~ 꽈과당! 하고 내린다. 그래서 춘분 때 미처 깨어나지 못한 생명들이 정신을 번쩍 차리도록 하늘에서 천둥 번개와 비를 내리는 것이다.
　또 겨우내 병들고 나약해지고 더러워진 생명들과 삶터를 말끔하게 정리해 새 모습으로 봄날을 맞이하라는 의미도 있다.

- 천둥번개 -

화사한 봄날 봄다운 봄날
맑고 밝고 푸른 날 청명
청명은 춘분 지났다고 저절로 오지 않지요

옛사람들이 이르기를
춘분 말후 오 일 동안 첫 천둥번개 친다 말했지요
천둥번개 비바람이 청명을 세운 것이지요

지난겨울 동안 쌓인 묵은 때 말끔히 씻어내라고
아직 남아 있는 미련 고집 훌훌 털어 버리라고
씻김굿으로 천둥번개 내리신 것이지요

경칩이 지났지만 미적거리는 생명들에게
벼락 같은 소리로 일깨워 때맞춰 살라고
죽비소리로 천둥번개 내리신 것이지요

만삭된 꽃봉오리들 꽃문 활짝 열리도록
마른 나뭇가지마다 연둣빛 초록물 솟구치도록
생명사랑으로 천둥번개 내리신 것이지요

하늘그물 넓어서 성기어도 빠뜨리는 게 하나 없다 하였다
온 땅 곳곳 어느 것 분별 차별 하나 없이
살아 있는 모든 것에게 살아갈 힘과 살아낼 힘 주시려

하늘은 천둥번개 내리신 것이지요

6.
함께 생각해 보자

- 경칩 절기에
  ○ 어떻게 자연 생명은 때를 잘 알고 깨어날까?
  ○ 왜 인간은 때를 잘 알지 못할까?
  ○ 나는 깨어있는가? 깨어있는 모습은 무엇인가?
  ○ 길들여진 생명이란 무엇일까? 무엇이 나를 길들이고
     있는가?
  ○ 사춘기는 어떤 의미가 있을까?

*경칩 때 나무 겨울눈이 벌어져 자기 새싹을 드러내기 시작한다. 사춘기는 경칩 때 나오는 새싹과 같다. 사춘기는 이유 없는 반항이나 불만의 표현이 아니다. 아직 온전하게 드러나지 않았지만 나도 한 인간으로 태어났음을 알리는 인간독립선언이고 자기 이름으로 살고자 하는 한 인간의 자기다운 표현이다.
  부모들은 자녀가 사춘기가 되면 사춘기 때의 의미를 잘 알고 자녀와 적극적으로 대화하며 한 인간으로서 주체적 독립선언을 지지하고 존중하며 인정해야 한다.

- 춘분 절기에

○ 꽃샘추위가 왜 있을까?
○ 천둥 번개는 왜 칠까?
○ 풀꽃은 나무보다 왜 먼저 필까?
○ 봄 나무꽃들이 대부분 노란색인 이유는 무엇일까?
○ 몸과 마음 준비 잘 마치고 제 때 출발하였는가?

청명과 곡우 - 4월
밝은 봄날 생명 씨앗 생명사랑으로 고이 심자

1.
청명과 곡우는
어떤 절기인가

청명(清明, 4월 5일쯤) / 맑은봄

　청명은 이름 그대로 한 해 가운데 물이 가장 맑을 때이자 하늘도 맑고 날씨도 좋은 그야말로 가장 봄다운 절기다. 봄절기 가운데 추위가 덜 가신 입춘과 우수를 맹춘(孟春), 봄의 징조가 조금씩 드러나는 경칩과 춘분을 중춘(仲春), 완연한 봄인 청명과 곡우를 계춘(季春), 늦봄이라 한다.

　청명을 봄다운 봄으로 느끼는 것은 겨우내 죽은 듯 보이던 나무에서 꽃이 피고 잎이 나기 시작하기 때문이다. 모든 생명이 생명력을 힘차게 분출하는 늦봄, 온 천지에 양기가 가득해 벌과 나비뿐만 아니라 사람들도 가슴 뛰도록 설레게 한다. 하지만 아침저녁으로 쌀쌀한 꽃샘추위가 나타나기도 한다.

절기 흐름으로 보면 입춘 우수는 봄을 맞이하고, 경칩 춘분은 봄을 찾아보고, 청명 곡우는 봄을 느껴보는 때다. 청명에 비로소 봄바람이 회오리처럼 일고 겨우내 쌓인 생명력이 일제히 분출된다.

청명은 움츠리고 감춰졌던 것들이 드러나는 때, 음이 양으로 완전히 변하는 때다. 청명은 한식의 하루 전날이거나 같은 날이다. 날이 풀리고 화창해 한 해 가운데 나무 심기에 가장 적당하다. 그래서 식목일을 청명과 같은 날로 잡은 듯하다. 청명 무렵에 비로소 밭갈이를 하며 봄 농사가 시작된다. 논밭의 흙을 고르는 가래질을 하는데, 논농사의 준비 작업이 된다.

청명 세시풍습으로 한식(寒食)이 있다. 한식은 설, 단오, 한가위와 함께 4대 명절 가운데 하나로 조상의 무덤을 보수하는 시기이기도 하다. 한반도 북쪽 지역이 남쪽보다 한식을 더 중요시하는 경향이 있다. 중국 춘추시대 제나라 사람들은 한식을 냉절 또는 숙식이라고도 불렀다. 불타 죽은 개자추를 애도하는 뜻에서 이날은 불을 쓰지 않고 찬 음식을 먹는 풍속이 생겼다고 한다.

- 청명 절후 현상

　초후에는 오동나무가 비로소 꽃을 피우며, 중후에는 들쥐가 변해 종달새가 되고, 말후에는 무지개가 비로소 나타난다.

- 요즘 청명 절기 현상
- 약한 꽃샘추위가 보이고, 미세먼지, 황사가 심하다.
- 완연한 연둣빛 산이다.
- 호랑나비, 갈고리나비, 흰나비가 보인다.
- 수수꽃다리, 벚나무, 배나무, 복숭아나무, 살구나무에 꽃이

편다. (추 중후)
- 참개구리 소리가 들린다. (중후)
- 되지빠귀, 호랑지빠귀(초 중후), 검은등뻐꾸기, 소쩍새가 보인다. (말후)
- 애기나리, 각시붓꽃, 족도리풀, 개별꽃 같은 꽃이 핀다. (말후)

곡우(穀雨, 4월 20일쯤) / 씨앗비

곡우는 양기가 점점 강해져 쌀쌀한 기운이 점차 사라지고 완연한 봄 날씨를 보인다. 한낮 기온이 20도 이상 올라가기 때문이다. 곡우는 입춘에서 청명에 이르는 동안 정성스럽게 마련한 종자를 마음 모아 심어서 씨앗 뿌리가 잘 내리도록 촉촉이 비가 내려야 하는 때다. 하지만 이때 봄 가뭄이 들어 농부들을 근심하게 할 때가 많다. 그래서 곡우는 절기 동안 때마침 비가 내려 붙여진 이름이라기보다 비를 바라는 농부들의 간절한 소망이 담긴 것이라 할 수 있다.

곡우의 '곡(穀)'은 곡식이라는 뜻, 그리고 '기르다, 양육하다, 살다, 생장하다'라는 뜻이 있다. 곡우는 '씨앗비'라는 말과 함께 '살리는 비, 기르는 비'라는 뜻으로 이해한다면 더욱 깊게 이해할 수 있다.

곡우 무렵 못자리를 마련하는 것부터 바야흐로 농사철이 시작된다. 그래서 '곡우에 모든 곡물이 잠을 깬다, 곡우에 가물면 땅이 석 자가 마른다, 곡우에 비가 오면 농사에 좋지 않다' 같은 농사와 관련한 다양한 속담이 전해진다.

곡우는 볍씨를 담그는 때인데 볍씨는 농부에게 있어 희망이며 생명(생존)이다. 활기찬 여름은 봄 내내 잉태하고 있던 한 알의 볍씨

속에 달려 있다. 알찬 볍씨는 생명에너지의 알맹이다. 그 안에 우주가 담겨 있다. 무한한 생명의 가능성을 지닌 생명 덩어리로서 볍씨는 곡우에 비로소 완성된다.

곡우에는 농사뿐만 아니라 조기잡이도 활발해진다. 이때 조기가 맛이 좋아 서남해 어선들이 모여든다. 이때 잡은 조기를 '곡우사리'라 하며 가장 으뜸으로 쳤다.

- 곡우물

곡우 무렵엔 나무에 물이 많이 오른다. 그래서 명산으로 곡우물을 마시러 간다. 곡우물은 주로 산다래, 자작나무, 박달나무에 상처 내서 얻는 물이다. 몸에 좋다고 해서 경상도, 강원도, 전남에서는 깊은 산속으로 곡우물을 마시러 가는 풍속이 있다. 경칩에 마시는 고로쇠 물은 남자에게 좋고, 곡우물은 여자들에게 더 좋다고 한다. 거자수(거제수나무 수액)는 특히 지리산 아래 구례 등지에서 많이 나며 그곳에서는 곡우에 약수제를 지낸다.

- 곡우 절후 현상

초후에는 수중식물인 마름(물풀)이 생기고, 중후에는 산비둘기가 깃을 털며, 말후에는 뻐꾸기가 뽕나무에 내린다.
*중부지방에서 뻐꾸기는 입하 때 찾아온다.

- 요즘 곡우 절기 현상

• 무당벌레가 짝짓기를 하고 산란한다. 대모잠자리도 나타난다.

- 청개구리, 참개구리 소리가 들린다. (초후)
- 소쩍새, 휘파람새, 울새, 흰눈썹황금새가 보인다. (초 중후)
- 연둣빛 산이 초록빛으로 바뀐다. (중후)
- 대추나무, 헛개나무, 무궁화, 누리장나무 새싹이 보인다. (중후)
- 봄망초, 은방울꽃, 팥배나무, 산사나무에 꽃이 핀다. (중후)
- 꾀꼬리, 솔부엉이가 보인다. (말후)
- 늘푸른 사철나무가 낙엽진다. (말후)
- 아까시나무, 찔레꽃, 이팝나무, 때죽나무에 꽃이 핀다. (말후)
- 때죽나무 등에 겨울눈이 생기기 시작한다. (말후)

절기 속담

〈청명〉

- 한식에 죽으나 청명에 죽으나(한식과 청명은 하루 차이)
- 청명 무렵에는 비가 잦다.
- 봄비가 잦으면 풍년이 들어 인심이 좋아진다.
- 봄비는 쌀비고 기름이다.
- 봄비는 벼농사 밑천이다.
- 봄비는 올수록 따뜻해지고 가을비는 올수록 추워진다.
- 봄비는 일비, 여름비는 잠비, 가을비는 떡비, 겨울비는 술비다.
- 청명에는 부지깽이를 꽂아도 싹이 난다.

- 청명 한식에는 아무데나 아무 나무를 심어도 산다.

〈곡우〉
- 곡우에 가물면 땅이 석 자나 마른다. (곡우 가뭄이 들면 그해 농사를 망친다.)
- 산 내린 바람(높새바람) 맞으면 잔디 끝도 마른다.
- 곡우에는 눈이 와도 풍년이 든다.
- 곡우에 비가 오면 풍년이 든다.
- 곡우에 모든 곡물이 잠을 깬다.
- 곡우가 넘어야 조기가 운다.

절기 시

- 청명 -

팡팡팡 팡팡팡
벚나무 가지마다
꽃풍선 터트리는
맑은 봄날 청명 즈음
부풀은 봄마음도
꿈결처럼 피어나요

- 사월엔 한가득 -

연둣빛 설레임이 한가득
분홍빛 그리움이 한가득
노란빛 기다림이 한가득
하얀빛 아쉬움이 한가득

눈부신 햇살이 한가득
싱그런 봄내음이 한가득
달콤한 속삭임이 한가득
화사한 미소가 한가득

- 곡우때 -

꽥 꽥 꽥 꽥 꽥 꽥
청개구리는 짝 부르며 울고
까르륵 까르륵 까르륵
참개구리는 짝 찾으며 우는
곡우 때지요

휘이이 휘이이 휘이이
호랑지빠귀는 무섭다고 울고
뜸 뜸 뜸 뜸 뜸 뜸
벙어리뻐꾸기는 답답하다고 울고

소쩍 소쩍 소쩍쩍
소쩍새는 배고프다고 우는
곡우 때지요

때맞추어 꽃피며 벌 나비는 날고
때맞추어 정겨운 노래를 부르고
때맞추어 찾아오는 반가운 이들
아직은 살아 숨 쉬는 곡우 때지요

- 봄날에는 -

맑은햇살
싱그러움
생기발랄
설렘충만
흥이철철

천지사방
봄노래로
봄빛으로
봄향기로
가득하지요

내맘에도

봄노래로
봄빛으로
봄향기로
가득한가요

이 절기를 아는 날은

- 아지랑이 피어난 날
- 겨울옷을 벗고 봄옷으로 갈아입는 날
- 봄나물을 캐 먹는 날
- 씨앗비가 내린 날
- 진달래 화전 부쳐 먹는 날
- 텃밭에 씨앗 뿌린 날

봄꽃 시 지어보기

- 애기똥풀 1 -

애기똥풀은 내 동생
아직도 노란 물똥 싸고 있네

- 애기똥풀 2 -

누가 줄기 지르면
노란 피똥 흘리네
얼마나 아팠을까

이제는 누가 다가오면
바보처럼 기다리지 말고
으앙 하고 큰 소리로
울어버리렴

- 민들레 -

요술쟁이 민들레
지나가는 벌 나비 부르려
한꺼번에 작은 꽃
백 개나 피워서
큰 꽃처럼 만들었네

요술쟁이 민들레
지나가는 바람 잡으려
쑥쑥 꽃대 키워서
휘이이 바람 불면
털풍선 날리고 있네

- 제비꽃 -

제비꽃은 인사쟁이
온종일 고개 숙여 인사하네요
얼마나 힘들고 어려울까요
깜깜한 밤엔 안 해도 될 텐데
우리도 제비꽃처럼 인사 나눠요

- 예쁜 꽃 속에는 -

꽃 속에는 누가 살까요
따뜻한 해님이 살아요
부드러운 봄바람이 살아요
촉촉한 봄비가 살아요
귀여운 벌 나비가 살아요
꽃 같은 너와 내가 살아요

2.
꽃잎과 이파리를
취할 때는

봄절기에 들과 산에서 봄을 느끼고 배우기 위해서 꽃잎과 잎을 취할 일이 많다. 이럴 때는 어떻게 하면 좋을까? 상황마다 다를 수 있겠지만 무엇보다도 왜 그렇게 하려고 하는지, 어떤 마음 자세로 하는지가 중요하다고 본다. 그래서 북미 원주민들은 형제처럼 생각했던 자연에게 무언가를 얻으려 할 때 반드시 다음처럼 물어보았다고 한다.

북미 원주민들이 자연을 대하는 법
- 정말 절실한가?
- 허락을 구했는가?
- 꼭 필요한 만큼 취했는가?
- 취하고 감사했는가?
- 취한 만큼 돌려주었는가?

* 취한 그대로 그것을 돌려준다는 의미가 아니라 자연을 취했을 때의 감정이나 마음을 다른 생명들에게 그대로 돌려주는 것을 말한다. 꽃을 취했을 때 즐겁고 행복한 것처럼 다른 생명에게 그렇게 대하며 살라는 말이다.

- 봄동산에 오를 때 -

봄동산에 오를 때
북미 원주민들은 아이들에게 속삭이듯 가르쳤지요
아이 가진 어미 배 위 걷는 듯이 하라고

언 땅 녹자마자 설익은 봄바람에 눈이 맞은
냉이 꽃다지 복수초 바람꽃 노루귀

줄지어 꽃몸 풀고 봄빛 발하고 있지요

자기네들 위해 꽃 피었다고
떼 지어 정신없이 꽃구경에 빠진 인간들은
그 발아래 짓이겨 고개 꺾인 꽃 비명소리 못 듣지요

봄동산 걸음걸음 옮길 때마다
봄꽃 생명이 생사기로에 서 있다는 것을
꽃 찾는 마음보다 더 앞서야 해요

3.
나무 새싹이 나오는 모양은

4월이 되면 땅속에서는 온갖 귀엽고 예쁜 어린 싹들이 일제히 나오기 시작한다. 멀리서 보면 나무의 줄기나 겨울눈이나 잎이 비슷하게 보이지만 자세히 살펴보면 각각 다르다. 나무들은 겨울눈, 싹, 잎, 꽃, 열매, 가지, 전체 모양, 껍질 무늬 등 다양한 모습을 통해 자기다움을 드러낸다. 곧 그것이 나무의 이름표다.

나무뿐만 아니라 자연의 생명들은 하나같이 서로 다른 모습으로 태어나고 타고난 그 모습으로 자기답게 살아가고 있다. 다른 생명을 쫓아 살거나 부러워하거나 나와 다르다고 차별하거나 분별하지 않고 살아간다.

북미 원주민들은 저마다 다르게 태어난 이유에 대해 각자 다르게 살아가기 위해서, 신은 사람마다 자기에게 특별한 선물을 주고 태어나게 했다고 이야기하고 있다.

청명을 맞아 나무들마다 움트는 다양한 새싹들을 살펴보며 나는 어떤 모습인지, 나다운 것이 무엇인지, 나는 누구의 기준으로 누구의 이름으로 살아가고 있는지 생각해 보자.

- 생명 이름표

모든 생명은 자기 이름표를 가지고 세상에 나오지요
소나무는 곱게 빗은 붉은 머리 쑤욱 쑤욱 내밀고
떡갈나무는 붉은 털옷잎 사이 염주알 수꽃 주렁주렁 매달아 내밀고
생강나무는 은빛털복숭이 잎 모아 모아 내밀고
엄나무는 가지 끝 터질 듯 주먹만 한 잎뭉치 힘껏 내밀고
고로쇠나무는 꽃잎 든 커다란 주머니 터트리며 내밀고
때죽나무는 뾰족한 가는 잎을 삐쭉삐쭉 내밀고
덜꿩나무는 두 손 모아 꽃봉오리 안아 내밀고
나도밤나무는 잎맥 촘촘 박아 절반 접어 하나씩 내밀고
합다리나무는 꼬물꼬물 잎사귀 한껏 뒤로 젖혀 내밀고
소태나무는 머리빗 잘 포갠 잎 합장하듯 내밀고
굴피나무는 잎눈 감싼 동그란 껍질 턱 밑에 매달려 내밀고
까치박달나무는 주름진 잎 붉은 줄기에 하나씩 붙여 내밀고
비목나무는 잎사귀들 한 번에 둥글게 감싸 안아 내밀지요
모든 생명들마다 타고난 자기 이름표대로 살아가지만
자기 이름표를 주장하거나 내세우지 않고

4.
청명 때
나의 꽃은

청명에 앞다퉈 피어나는 꽃들을 보면서 생각해 보자. 지금 나도 꽃을 피우고 있는가? 무슨 꽃을 피우고 있는가? 어떻게 피우고 있는가? 꽃을 좋아하는 나보다는 꽃이 좋아하는 나인가? 꽃이 좋아하는 내가 되기 위해선 어떻게 살아야 하는가? 깊이 헤아려 봐야 한다.

사람들이 꽃을 보면 즐겁고 행복하듯이 누군가에게 아름다움을 주고 즐거움과 행복을 주는 삶을 살 때 꽃처럼 사는 것이며, 꽃이 좋아하는 사람이 되는 것이다.

법정스님은 '봄이 와서 꽃이 피는 게 아니라 꽃이 피어나기 때문에 봄을 이루는 것입니다. 눈부신 봄날 새로 피어난 꽃과 잎을 보면서 무슨 생각을 하십니까. 저마다 이 험난한 생을 살아오면서 가꿔온 씨앗을 이 봄날에 활짝 펼쳐 보시길 바랍니다. 봄날은 갑니다. 덧없이 갑니다.'라고 했다.

꽃들이 아름다운 이유에 대해 서울대 배철현 교수는 이렇게 말한다. '모든 꽃이 저마다 아름답고 감동을 주는 이유는 자신에게 몰입되어 있기 때문이다. 우리가 행복한 천재가 되지 못하는 이유는 자신을 깊이 사랑하지 않고 자신이 마음 다해 사랑하는 일을 찾지 못했기 때문이 아닌가? 자신이 해야 할 임무를 성찰을 통해 찾았다면, 그 일이 우주에서 가장 중요하다고 생각하며 전념하면 되지 않을까?'(배철현, 경향신문)

꽃 피는 청명에 꼭 잊지 말아야 할 것은 열매 맺게 도와주는 곤충이나 바람이다. 꽃 피는 이유는 열매를 만들기 위해서다. 하지만 식물은 스스로 힘으로 열매를 만들 수 없다. 반드시 꽃가루 중매쟁이인 벌이나 나비 같은 곤충의 도움이 필요하다.

벌은 왜 꽃을 찾을까? 꽃에 벌이 찾아오는 이유는 꽃이 벌에게 필요한 꿀과 꽃가루 같은 것을 가지고 있기 때문이다. 아름다운 관계는 일방적인 희생이나 사랑이 아니고 꽃과 벌처럼 서로를 살리고 서로에게 필요한 것을 나누는 관계여야 한다.

우리 삶도 똑같다. 홀로 살 수 없으니 삶에서 열매를 맺도록 도와주는 벌 같은 동무가 필요하다. 내 삶을 도와주는 길동무는 얼마나 있는가? 나는 누구에게 길동무가 되고 있는지 깊게 물어야 할 절기가 바로 청명이다.

- 꽃처럼 -

왜 우리는
설렘으로 꽃을 찾고
즐거움으로 꽃을 보고자 할까요

서로가 서로를
꽃으로 알고

꽃으로 보고
꽃으로 대하며
꽃처럼 살고자 하는 것 아닐까요

- 꽃부처 -

연지곤지 단장하고
진한 향기 내뿜으며
달콤한 꿀단지 품고
저만치 피어 있는 들꽃

그리움과 기다림으로
애타는 마음 가득하겠지만
아무런 들뜸 없이
한결같이 피어 있는 들꽃

오늘 아니면 내일 오겠지
내일 아니면 내년에 오겠지
부처가 되어버린 들꽃
나는 언제쯤 꽃부처 될까요

- 예쁜 꽃마음 -

너와 나는 한 몸이라는 마음이지요
다른 생명이랑 함께 살고 싶은 마음이지요
네가 아프면 나도 아픈 마음이지요
네가 있어야 나도 있다는 마음이지요
서로 살리고 서로 나누는 마음이지요

- 꽃 피지 않는 나무는 없다 -

아직 꽃 피지 않았다고 너무 서두르지 말아요
아직 내 꽃이 피지 않았다면
난 봄꽃이 아니라 가을꽃일지 모르지요
아니 겨울에 피는 눈꽃일지도 모르지요
각자 자기 꽃 필 때까지 기다려야 하지요
세상에 꽃 피지 않는 나무 하나도 없으니까요

5.
곡우에
씨앗을 뿌리는
이유는

  청명이 지나면 온 천지에 꽃비가 흩날리는 꽃세상이다. 나뭇가지마다 연둣빛 물결은 생명 기운이 넘친다. 곡우에는 겨우내 고르고 고른 씨앗을 밭에 뿌려야 할 때다. 봄에 씨앗을 뿌린다지만 봄의 아무 때나 뿌리지 않는다. 청명 지나고 곡우가 되어서야 비로소 뿌릴 수 있다. 왜 그럴까?

  한 생명이 태어날 때도 그렇지만, 한 알의 씨앗이 저절로 우연히 싹 트지 않는다. 생명 탄생은 숱한 인연과 인연이 다해야 가능하다.

  소한 대한에 좋은 씨앗을 준비하고, 입춘 지나 춘분까지 언 땅을 녹여 부드럽게 흙을 풀고, 청명에는 따뜻한 봄기운으로 양기를 가득 채운 뒤에야 씨앗을 심어야 한다. 곡우에야 땅속 냉기가 사라져 씨앗을 품을 수 있는 기운이 만들어지기 때문이다.

  정호승 시인은 '꽃씨 속에 숨어 있는 잎을 보려면 흙의 가슴이 따뜻해지기를 기다려야 한다'고 했다.

  모든 안팎의 환경과 조건이 갖춰져야 한 알 씨앗에서 싹이 트고 꽃이 피듯이 사람이 아이를 갖고 키우는 일도 같다. 정말 아이를 간절히 원하는지, 그리고 태어나면 잘 키울 준비가 되어 있는지를 잘 살펴야 한다.

  모든 일과 관계에는 가장 알맞을 때가 있다. 그것을 불교에서는 시절 인연이라고 한다. 무슨 일이든지 미리 잘 준비하고 시절 인연이 올 때까지 기다려야 한다.

땅속은 아직 차가운데 아무 생각 없이 씨앗을 뿌리면 그 씨앗은 잘 자라지 못하는 이치다. 그래서 모든 조건이 갖춰진 곡우에 씨앗을 뿌리는 것이다. 지금 삶의 씨앗을 품은 내 가슴은 따뜻해지고 부드러워졌는가?

6. 어떤 삶의 씨앗을 어디에, 어떻게 뿌려야 할까

우리는 살아가면서 수많은 씨앗을 뿌리고 살아간다. 우리 삶에서 뿌리는 가장 많은 씨앗은 다른 사람들과 관계 속에서 표현되는 생각의 씨앗, 말의 씨앗, 그리고 몸짓의 씨앗이다. 지금 내 삶의 모습은 내 생각(감정), 말과 몸짓이 삶 속에 씨앗으로 뿌려져 나타난 결과다.

불교에서는 말(口)의 씨앗, 생각(意)의 씨앗, 몸짓(身)의 씨앗을 잘못 뿌리면 업보를 만들어 낸다고 한다. 절기살이는 살아가면서 무슨 씨앗을 뿌리고 있는지 늘 살피는 일이다. 뿌린 대로 거두기 때문이다. 나는 내 삶에 어떤 씨앗을, 어떻게, 어디에 뿌리고 있는지 곡우에 깊이 생각해야 한다.

삶에서 뿌리는 씨앗은

첫째, 생각(감정)의 씨앗이다. 삶의 씨앗 가운데 가장 바탕이 된다. 말과 행동은 생각과 감정에 의해서 드러나기 때문에 생각과 감정은 드러나지 않는 삶의 씨앗이다. 잘못 전달된 감정 응어리는 쉽게 풀리지 않는다. 잘못 뿌리면 한이 된다. 사람은 감정의 동물이다. 그러기 위해선 먼저 내 감정과 내 생각을 잘 다스려야 한다. 늘 편안하고 부드러운 마음으로, 화나 분노나 불안한 감정이 생길 때는 오래 쌓아놓지 말고 잘 풀어내야 한다. 이성보다 앞선 것이 감성이니 내 속도 잘 다스리고 남의 감정도 상처 나지 않게 잘 표현해야 한다.

둘째, 말의 씨앗이다. 말이 씨가 된다는 말이 있다. 일상에서 가장 쉽게, 가장 많이 뿌리는 것이 말씨다. 말은 매우 큰 힘을 가지고 있어 사람을 죽이고 살리기도 한다. 좋은 말이란 생기가 나와서 서로를 살리고 서로 잘 통하는 말이고, 나쁜 말이란 살기가 나와서 서로를 죽이고 서로 잘 통하지 않는 말이다. 옛말에 구시화지문(口是禍之門) 설시참시도(舌是斬身刀), 입은 화를 부르는 문이고 혀는 몸을 베는 칼이라고 했다. 무엇보다도 거짓말, 왜곡하는 말, 이중적인 말, 모욕하는 말, 듣기 좋은 교묘한 말은 해서는 안 된다.

말을 할 때는 깨지기 쉬운 유리공을 주고받듯이 하라는 말이 있다. 함부로 하면 깨지기 쉽기 때문에 매우 진지하고 신중하게 해야 한다. 가장 훌륭한 사람은 좋은 말씨를 뿌리는 사람이고, 가장 소중한 공부는 좋은 말씨를 배우는 일이다.

셋째, 몸짓의 씨앗이다. 삶에서 보이는 모든 행동이 몸으로 뿌리는 씨앗이다. 어떻게 사느냐에 따라 다른 사람들에게 힘과 용기를 주기도 하고 좌절과 상처를 주기도 한다. 특히 아이들은 부모의 삶을 그대로 본받는다. 아이가 가진 문제 원인은 부모 삶에 있다는 것을 알아야 한다. 아이가 달라지면 부모가 달라져야 하는 것처럼 말이다. 특히 교육은 교사의 생각과 감정, 말과 삶으로 뿌리는 씨앗이다. 내가 어떤 생각과 감정으로 살고 있느냐가 아이들에게 직접적인 영향을 주기 때문에 참교육은 말이나 지식이 아닌 삶으로 해야 한다.

마음 씨앗

틱낫한 스님은 《꽃과 쓰레기》에서 '마음은 온갖 감정들이 쌓인 씨앗 창고'라며 마음 씨앗에 대해 이렇게 이야기한다. '종교 경전들은 대개 우리 마음을 밭으로 표현한다. 우리는 그곳에 고통과 행복, 기쁨과 슬픔, 두려움과 분노, 그리고 희망의 씨앗을 심을 수 있다. 잠재의식 또한 우리의 모든 씨앗이 들어 있는 저장창고에 비유할 수 있다.'

'하나의 씨앗이 우리의 표면의식에 등장할 때 그것은 언제나 더욱 강해져서 창고로 돌아간다. 삶은 깊은 잠재의식 속 씨앗들의 질에 달려 있다. 우리는 자주 표면의식 속에 분노와 슬픔, 두려움 씨앗을 등장시킨다. 그러면 기쁨과 행복, 평화 씨앗이 싹틀 기회는 적어진다. 깨어 있다는 것은 씨앗들이 창고에서 올라올 때 그것을 하나하나 자각한다는 것이다. 물을 주는 시간이 길어질수록 씨앗은 더욱더 건강하다. 우리의 표면의식에 나타났던 모든 씨앗은 더욱 강해져서 잠재의식 창고로 돌아간다. 건강한 씨앗에 온 마음을 다해 물을 준다면 우리 잠재의식은 틀림없이 우리를 치유해 줄 것이다.

내가 그대를 사랑스러운 눈으로 바라볼 때, 믿음과 감탄의 눈으로 바라볼 때 좋은 씨앗이 그대 안에 심어지게 된다. 그대가 보는 모든 것들 역시 긍정적 씨앗 또는 부정적 씨앗으로 그대 안에 심어질 수

있다.'

삶의 열매는 자신이 뿌린 씨앗대로 거둔다. 그 결과는 뿌린 만큼이 아니라 수십 수백 배로 열리게 된다.

현자가 말하길 아름다운 사람이 되려면 '몸은 겸손의 옷을 입고, 맘은 사랑의 옷을 입고, 삶은 진실의 옷을 입어야 한다고 하였다.

- 씨앗 소리 -

삶은 씨앗을 뿌리는 일이지요
하루에도 수없는 씨앗을 뿌리지요.

말로 뿌리고
몸으로 뿌리고
생각으로 뿌리지요

나는 지금 어떤 씨앗을 뿌리고 있나요
어떤 씨앗에 물을 주고 있나요
어떤 씨앗이 자라고 있나요

뿌린 대로 거둔다는
씨앗 소리를 깊게 새겨야 할
곡우 때 하늘 이야기지요

어디에 뿌려야 할까

아무리 좋은 씨앗이라도 땅이 나쁘면 좋은 열매를 잘 맺을 수 없다. 우리가 삶에서 뿌리는 씨앗은 나와 너의 마음(밭)에 뿌린다. 좋은 땅, 좋은 마음이란 어떤 마음인가? 옛사람들이 말한 된장의 오덕을 통하여 좋은 마음(밭)이 무엇인지 알아본다.

단심(丹心) : 좋은 된장은 다른 음식과 섞여도 결코 자기 맛을 잃지 않는다. 단심은 다른 사람과 섞여도 자기를 잃지 않는 마음이다.

항심(恒心) : 좋은 된장은 세월이 흘러도 변치 않고 오히려 더욱 깊은 맛을 낸다. 항심은 세월이 흘러도 변하지 않는 마음이다.

무심(無心) : 좋은 된장은 각종 병을 만들어내는 기름기를 없애준다. 무심은 좋지 않은 기름기 같은 이기적인 욕심과 집착을 없애주는 마음이다. *佛心

선심(善心) : 좋은 된장은 맵고 독한 맛을 부드럽게 만들어 준다. 선심은 맵고 독한 맛 같은 까칠함과 고집을 부드럽게 만들어 주는 마음이다.

화심(和心) : 좋은 된장은 어떤 음식과도 조화를 이룬다. 화심은 어떤 사람과 어울려도 조화를 이뤄낼 줄 아는 마음이다. *무위자연, 천지불인

어떻게 뿌려야 할까

씨앗 뿌리는 자세 역시 중요하다. 자연을 닮아 자연처럼 살아갔던

북미 원주민들은 아무 때나 씨앗 뿌리지 않았다. 씨앗 뿌리는 사람의 마음 상태가 그대로 씨앗 속에 들어가 나중에 열리는 열매 속에 그 마음이 담긴다고 생각하였기 때문이다. 그래서 씨앗 뿌리기 전에 반드시 화난 마음이나 분노의 마음이 있다면 평화롭고 사랑스러운 마음으로 부드럽게 푼 다음 씨앗을 뿌렸다.

다음은 씨앗 뿌리는 날에는 다른 일(약속)을 잡지 않았다. 급한 약속이나 마음이 심란한 상태에서 쫓기듯 씨앗을 뿌리면 씨앗 뿌리는 일이 부실하다고 생각하였다. 오직 씨앗 뿌리는 일에 온 마음으로 정성을 다해 뿌려야 그 열매도 건강하고 알차게 열린다고 생각하였다.

사실 부모나 교사처럼 기르고 가르치는 일은 씨앗 뿌리는 것과 같다. 양육과 교육에 있어 부모와 교사의 생각과 삶이 매우 중요하다는 말이다. 아이들은 부모와 교사의 이야기를 듣는 것이 아니라 그 이야기에 담긴 부모와 교사의 마음과 감정을 먼저 느낀다. 아이들 몰래 부부 싸움을 해도 아이들은 이미 느낌으로 다 알고 있다. 부모와 교사는 북미 원주민들의 씨앗 뿌리는 마음과 자세로 아이를 기르고 가르쳐야 한다.

그리고 씨앗 뿌릴 때는 자연의 흐름, 시절 인연에 맞게 뿌려야 제때 튼실한 열매를 얻을 수 있다는 것을 잊지 말아야 한다.

농사짓는 마음으로 살아간다는 것은
- 함께 더불어 살아간다. (좁쌀 한 톨에 우주가 들어 있다)
- 자연의 흐름에 따라, 때를 알고 때에 맞춰 살아간다
- 뿌린 대로 거둔다.

- 뿌린 만큼 거둔다.
- 일(노동)하는 즐거움과 소중함을 알면서 살아간다. 일하지 않는 생명은 없다.
- 소비자로서 얻고 받아가는 삶이 아니라 키우고 만들고 주는 삶을 살아간다.
- 결과보다는 과정을 중시하고 살아간다.
- 관계 맺으며 살아간다. 생산자와 소비자, 자연과 인간 서로를 알고 살아간다.
- 자본(돈)에서 자유로운 삶을 살아간다.
- 자기 생명의 바탕을 든든하게 한다.

- 밥 먹는 자식에게 -

(시 이현주)

천천히 씹어서
공손히 삼켜라
봄부터 여름 지나 가을까지
그 여러 날을
비바람 땡볕 속에
익어온 쌀인데
그렇게 허겁지겁 먹어서야
어느 틈에 고마운 마음이 들겠느냐
사람이 고마운 줄 모르면
그게 사람이 아닌 거여

7.
함께 생각해 보자

- **청명 절기에**
    - 나는 어떤 꽃을 피우고 있을까? 나만의 꽃을 피우고 있는가?
    - 꽃과 벌(곤충)은 어떤 관계일까?
    - 나의 벌은 누구일까? 나는 누구의 벌일까?
    - 꽃이 나를 좋아하는가?
    - 꽃 같은 삶(사람꽃)이란?

- **곡우 절기에**
    - 시절인연과 시절연인의 뜻은?
    - 왜 곡우 때 씨앗을 뿌려야 할까?
    - 좋은 씨앗이란 어떤 씨앗일까?
    - 우리가 삶 속에서 뿌리는 씨앗은 무엇일까?
    - 좋은 마음밭이란? 지금 내 마음 밭은 어떤가?
    - 내 마음 창고에는 어떤 씨앗들이 있는가?
    - 나는 지금 무슨 씨앗을 어떻게 뿌리고 있는가?

입하와 소만 - 5월
햇빛은 생명의 힘 사랑의 손길

1.
입하와 소만은
어떤 절기인가

입하(立夏, 5월 5일쯤) / 드는여름

입하는 4월에 남은 음기마저 모두 사라지고 양기가 온 우주에 가득해 자신의 기운을 마음껏 펼치는 날의 시작이다. 뜨거운 여름이 시작되는 태양의 계절이다. 입하에는 바야흐로 여름 날씨가 보인다. 더워지기 시작한 햇볕은 연둣빛 작은 나뭇잎을 쑥쑥 키워 숲을 채우고 하늘을 덮기 시작한다. 땅 위엔 온갖 풀들이 자기 모습대로 쑥쑥 자란다.

이때 산과 들에는 연둣빛이 거의 바래고 짙은 초록이 일기 시작한다. 물 고인 논에는 개구리 우는 소리가 들린다. 마당에는 지렁이가 꿈틀거리고, 참외꽃이 피기 시작한다. 묘판에는 볍씨 싹이 터 모가 한창 자라고, 보리 이삭들이 패기 시작한다. 옛날 집

안에서는 누에치기에 한창이고, 논밭에는 벌레도 많아지고 잡초가 자라서 풀 뽑기로 바빠지기 시작한다.

입하 중후 무렵 찔레꽃이 피기 시작하는데 이때부터 하지 무렵까지 가물어 '찔레꽃 가뭄'이라는 말이 생겼다. 보리고개이기도 한 찔레꽃 가뭄에는 딸네 집도 가지 않는다는 속담이 있을 만큼 힘든 시기였다.

입하 초후에 청개구리가 우는 것은 수컷이 암컷을 부르는 짝짓기 소리다. 습한 곳을 좋아하는 지렁이는 양력 3월에서 4월 사이 부화하고 5월이면 비 온 뒤 땅속 물을 피해 잔뜩 기어 나오는데 피부로 숨 쉬기 때문이다. 지렁이가 깨어나는 4월 초부터 지렁이 똥을 볼 수 있다.

곡우부터 날아오기 시작한 꾀꼬리, 뻐꾸기 같은 여름 철새들은 입하 무렵 아름다운 노래로 짝을 부르고 짝을 지어 알 낳을 준비를 한다.

- **입하 절후 현상**
    초후에는 청개구리가 울고, 중후에는 지렁이가 나오고, 말후에는 왕과가 싹이 나온다.

- 말후에 나오는 왕과는 쥐참외라고 불린다. 예전에는 민가 주변에서 볼 수 있었는데 요즘엔 거의 사라졌다. 왕과 뿌리와 씨를 으깨 달여 마시면 기침이 멈춘다.

- **요즘 입하 절기 현상**
    • 큰광대노린재 탈바꿈, 홍점알락나비 등 애벌레, 사슴풍뎅이가 보인다.

- 나무 잎자루 밑에 겨울눈이 보이기 시작한다.
- 때죽나무처럼 이른 나무는 곡우 때도 보인다.
- 아카시나무, 이팝나무 꽃피고, 송홧가루 날린다. (초후)
- 연둣빛이 사라지고 초록빛으로 변한다. (초후)
- 찔레꽃, 장미꽃 핀다. (중후)
- 여름 철새들 많이 보인다. 뻐꾸기(중후), 파랑새(말후)
- 무당거미 부화하기 시작하고, 모기도 보인다. (중후)
- 비 내리고 맹꽁이 운다. (중후)

소만(小滿, 5월 20일쯤) / 초록가득

　소만은 태양의 불 기운이 왕성해 양기가 바깥으로 펼쳐져 만물이 자라 점점 차오르는 시기다. 소만의 의미는 양기로 새봄에 난 나뭇잎이 온전히 펴져 제 모습을 드러내는 시기로서, 조그마한 잎이 커져 천지를 가득 차게 한다는 뜻이다.

　소만 무렵 모내기 준비에 바빠진다. 이른 모내기, 가을보리 먼저 베기 작업에다가 여러 가지 밭농사와 김매기가 줄을 잇는다. 옛날에는 모가 성장하는 데 45~50일이 걸렸으나 지금 비닐 모판에서는 40일 안에 충분히 자라기 때문에 한 해 제일 바쁜 계절로 접어들게 된다. 요즘은 한층 모내기가 빨라져서 중부지방에서는 5월 초부터 시작한다.

　소만에는 여름 분위기가 본격이다. 모내기 준비가 한창이거나 이미 논에 모심기가 끝나 연푸른 들판과 넘실거리는 논물이 볼 만하다.

　온 산야가 이토록 푸른데 대나무만큼은 푸른빛을 잃고 누렇게 변한다. 이는 새롭게 탄생하는 죽순에 자기 영양분을 공급해 줬기 때문이다. 마치 어미가 자기 몸을 돌보지 않고 어린 자식에게 정성을 다해 키우는 모습 같다. 그래서 대나무가 누레지는 봄을 가리켜 죽추(竹秋)-'대나무 가을'이라 한다.

- **소만 절후 현상**

    초후에는 씀바귀가 뻗어 오르고, 중후에는 냉이가 누렇게 죽어가며, 말후에는 보리가 익는다.

- 씀바귀는 국화과에 속하는 다년초로, 이 무렵 뿌리나 줄기, 잎이 식용으로 널리 쓰인다. 초후를 즈음하여 죽순을 따다 고추장이나 양념에 살짝 묻혀 먹는다. 제철에 즐기기 참 좋은 별미다. 냉잇국도 늦봄 내지는 초여름 별미다. 보리는 말후를 중심으로 익어 밀과 더불어 여름철 밥상에 자주 오른다.

- **요즘 소만 절기 현상**
  - 비가 자주 오는 편이다. (5~6일 정도)
  - 자주 폭염 특보가 내린다.
  - 여름 철새 짝짓기를 한다. (구애 노래) 팔색조(말후)
  - 개망초, 쥐똥나무에 꽃이 핀다. (초후)
  - 곤충 애벌레가 많이 보인다. (초후)
  - 모기들이 나타나기 시작한다. (초후)
  - 무당거미 애거미가 보인다. (중후)
  - 버찌, 오디가 익어간다. (중후)
  - 개오동, 대추나무, 감나무, 밤나무 꽃핀다. (말후)

- 보리, 앵두, 살구가 익어간다. (말후)

절기 속담

〈입하〉

- 입하에 하늘이 맑으면 크게 가문다.
- 동풍이 불면 대풍이요 남풍이 불면 흉작이다.
- 입하에 벌써 그늘 찾는다.

〈소만〉

- 태산보다 높은 보릿고개다.
- 나락 이삭 끝을 보고는 죽지만 보리 이삭 끝을 보고는 죽지 않는다.
- 보릿고개에는 딸네 집도 가지 못했다. 삼사월 손님은 꿈에 볼까 무섭다.
- 사월 없는 곳에 가서 살면 배는 안 곯겠다.
- 소만 전 모심기다.
- 소만이 지나면 보리가 익어간다.

절기 시

- 햇볕 -

(이원수 시, 백창우 곡)

(1절)

햇볕은 고와요 하얀 햇볕은
나뭇잎에 들어가서 초록이 되고
봉오리에 들어가서 꽃빛이 되고
열매 속에 들어가서 빨강이 되어요.

(2절)

햇볕은 따스해요 맑은 햇볕은
온 세상을 골고루 안아 줍니다
우리도 가슴에 해님을 안고서
따뜻한 마음으로 사랑을 나눠요

- 해님 생명사랑 -

햇볕이 차곡차곡 나뭇잎에 쌓여
여린 잎살 도톰하게 부풀리고
짙은 푸르름은 숲속 가득 메우지요

알에서 깨어난 애벌레들이 한데 모여
살찐 잎을 정신없이 갉아 먹으며
금세 통통한 몸집으로 탈바꿈하지요

엄마새 아빠새는 숲사이로 쉼 없이 오가며
둥지 속 칭얼거리는 아기 새의 노란 입에

살찐 벌레들을 배부르게 넣어 주지요

커가는 어린 새들은 달콤한 열매 맛있게 먹고
이 숲 저 숲 오며 가며 씨앗 뿌려서
더 크고 더 깊은 숲으로 가꾸어가지요

언제나 변함없는 해님은
숲에 깃든 모든 목숨붙이들을
포근한 생명사랑 바구니에 잘 키워내지요

- 해님 품으면 -

해님 품으면
예쁘지 않은 생명
하나도 없지요

초록 이파리도
붉고 하얀 꽃잎도
꿈틀꿈틀 애벌레도
노래하는 새들도

나도
너도
해님 품으면

2.
입하,
여름을 어떻게
세워야 할까

여름은 햇볕이 가장 강하고 많은 시기다. 여름을 잘 준비하기 위한 입하에는 햇볕밥그릇인 나뭇잎을 크게 만들어 봄절기에 맺은 열매를 잘 키워내는 게 중요하다. 열매를 잘 키워낸다는 것은 나무마다 자기 열매의 모양과 크기와 빛깔, 향기대로 키우는 것이다. 그러면 무엇이 자기 열매를 제대로 키우게 하는가. 여름은 햇볕, 즉 더위로 열매를 키우는데, 그렇다면 내 삶의 열매를 키우는 더위(생명사랑과 생명나눔)는 무엇인지 알아보자.

- 햇볕밥그릇 -

예쁜 꽃 진자리
귀여운 아기 열매
햇볕밥으로 쑥쑥
알차게 키우려고
여름드는 입하에
나뭇잎 크게 활짝
가지마다 햇볕밥그릇
꿀꺽꿀꺽 얌얌얌

- 입하 절기 여름을 준비하기 위한 물음
  - 여름은 어떤 절기인가? (여름 절기 의미)
  - 내 열매를 키우기 위한 초록잎은 무엇인가?
    나뭇잎 햇볕밥그릇과 같은 초록잎 마음이란?
  - 무엇이 열매를 키우는가?
  - 더위의 의미는 무엇일까?
    나에게 더위란 무엇인가?
  - 열매는 어떠한 모습으로 키워야 잘 키우는 것일까?

나무는 입하 절기에 잎을 키워 여름을 준비하고 입동 절기에 잎을 떨구어 겨울을 준비한다.
우리도 나무처럼 초록잎으로 여름 인생 준비하고 단풍 떨구어 겨울 인생 준비해야 한다.

3. 생명에게 햇볕은 무엇일까

아지랑이 하늘거리는 입하는 점점 더워지기 시작하는 양의 시절, 태양의 계절이다. 이 땅 생명체 가운데 스스로 살아가는 생명 에너지를 만드는 존재는 식물밖에 없다. 식물을 제외한 다른 생명체는 모두 식물이 만든 생명 에너지에 의지해서 살아간다. 그렇다면 식물은 무엇으로 생명 에너지를 만들까?

바로 해다. 식물은 해의 기운인 햇빛(물론 물과 공기, 무기물질도 필요하다)으로 생명 에너지를 만든다.

햇빛은 식물의 잎이 되고 열매가 되고 밥이 되고 힘이 된다. 결국, 우리는 햇빛을 먹고 햇빛이 우리를 만든다. 우리는 햇빛이다. 생명들은 모두 해님 가족이다. 나뭇잎(식물)은 태양열 집열판, 에너지 생산 공장, 생명의 밥 공장 같다. 햇빛이 나무 속에 들어가 초록빛이 쌓여 잎이 되고, 노랗고 빨갛고 하얀빛이 모여 노랗고 빨갛고 하얀 꽃이 되고, 붉은 햇빛이 쌓여서 튼실한 열매가 된다. 햇빛의 이름에는 무엇이 있을까? 햇볕, 햇살, 빛살 그리고 하얀햇살, 초록햇살, 분홍햇살, 노란햇살로 부를 수 있지 않을까.

해님 없이 살아갈 수 있는 생명은 하나도 없다. 모든 생명은 절대적으로 해님에 의지해 태어나고 살아간다. 해님은 모든 생명을 낳고 살리지만 자기 것이라고 소유하거나 집착하지 않고 자기 힘이라 자랑하거나 내세우지 않는다.

봄날 식물들은 이처럼 해님의 조건 없는 생명사랑을 그대로 이어받아 무성하게 잎을 내 역시 아무런 대가 없이 곤충(애벌레)에게 내준다. 곤충들 역시 식물을 통해 받은 해님의 무한 생명사랑으로 개구리나 새들에게 자기 몸을 내주고 먹여 살린다.

이처럼 자연의 생명살이를 보면 조건 없이 받은 해님의 생명사랑 선물을 또 다른 생명들에게도 그대로 나눠준다. 그래서 햇볕은 모든 생명을 낳고 기르며 살리는 영원한 생명의 힘, 사랑의 힘인 것이다. 이것이 하늘의 뜻(무자천서)이고 자연의 가르침이다. 자연을 닮아 자연처럼 살아가는 진정한 생명살이다.

노자는 말했다. '자연은 분별하여 차별하거나 편애하지 않고 누구에게나 똑같이 대한다. (天地不仁, 天道無親)' 천지 자연은 가난한 자나 부자나, 선한 사람이나 선하지 않는 사람이나 똑같이 햇빛을 내리고, 비를 내리고, 천둥번개를 치고, 눈을 내린다. 또한, 자연은 자기를 드러내지 않고 다른 생명과 하나 된다.(和光同塵) 그리고 자연은 모든 생명을 낳고 기르지만 자기 것으로 하지 않는다.(生而不有)'

- 햇볕은 -

햇볕은 잎이요 꽃이요 열매이지요
햇볕은 밥이요 힘이요 생명이지요
햇볕은 살림이요 나눔이요 사랑이지요
햇볕은 나요 너요 모두이지요

- 무심한 사랑 -

해님처럼 나무처럼
모든 것 다 내어 주고도
조금도 바라지 않고
조금도 내세우지 않고
조금도 가지려 하지 않고
조금도 집착하지 않는
분별 차별 없는 불인(不仁)사랑

4.
오월 숲에는

4월 숲은 생명의 힘이 넘치고, 5월 숲은 사랑의 힘이 가득하다. 5월 숲엔 사랑의 징표인 꽃가루 천지다. 5월 숲은 보이지 않는 '사랑의 막대기'가 빽빽하고, '사랑밖에 난 몰라' 노랫소리로 떠들썩하다. 5월 숲은 생명사랑의 기운과 생명사랑의 빛으로 차고 넘친다.
   햇빛은 새들에게 성호르몬을 증가시킨다. 햇볕이 강해질수록 정소와 난소를 발달시키고 노래를 잘하게 한다. 그래서 4, 5월에는 새들의 구애행위가 활발하다.
   5월 숲에서 우리는 길들여지지 않는 야성의 더듬이로 무한한 생명사랑의 힘과 소리와 기운을 보고 듣고 느끼며 생명사랑의 맘으로 살아야 한다.

- 생명사랑 -

꽃을 만나면
꽃을 좋아하는 나보다는
꽃이 좋아하는 내가 되어야지요

나무를 만나면
나무를 좋아하는 나보다는
나무가 좋아하는 내가 되어야지요

나비 개구리 새를 만나면
나비 개구리 새를 좋아하는 나보다는
그들이 좋아하는 내가 되어야지요

너를 만나면
너를 좋아하는 나보다는
네가 좋아하는 내가 되어야지요

어떻게 살아야 네가 좋아하는 삶인지
내 맘이 아닌 네 맘으로 헤아려야 해요
내 살아가는 이유가 네게 있기 때문이지요

5. 소만 절기의 의미는

소만은 작은 것들이 가득히 찬다는 절기다. 특히 경칩부터 깨어나 부풀어 오르기 시작한 나무 겨울눈들이 청명 무렵부터 새싹을 내기 시작한다.

귀여운 아기 손 같은 연둣빛 여린 새싹들이 곡우를 지나 입하에 이르러 초록으로 짙어지게 되고, 소만 때에야 비로소 나뭇잎들이 활짝 퍼져 제 모습을 완전히 드러낸다. 나무는 햇볕을 많이 받아 살아갈 생명 에너지를 최대한으로 만들기 위해 나뭇잎을 줄기와 가지가 지탱할 만큼 활짝, 가능한 한 겹치지 않게 만들어 낸다.

입하 절기에는 봄 절기에 만들어진 열매를 키우기 위해 햇볕밥그릇인 나뭇잎을 크게 만들고, 소만 절기에는 햇볕밥그릇인 나뭇잎을 자기 모양과 크기로 완성한다. 나무는 소만 절기에 잎을 온전히 만들어야 햇볕을 충분히 받아 열매를 제대로 키울 수 있기 때문이다.

우리도 살아가는 데 다른 생명의 사랑이 있어야 한다. 생명 사랑을 받기 위해서 나뭇잎처럼 사랑밥그릇을 준비해야 한다.

소만 절기에 우리는 헤아려 봐야 한다. 내 삶의 열매를 키우는 초록잎은 있는가? 그 초록잎이란 무엇인가? 생명 사랑 같은 초록잎 마음이란 무엇인가?

- 초록잎 마음 -

홀로 살아갈 수 있는 생명은
아무도 없다는 마음이지요

수많은 너에 의해서만
내가 살아갈 수 있다는 마음이지요

너 나는 한 몸처럼
연결되어 있다는 마음이지요

네가 행복해야

내가 행복해질 수 있다는 마음이지요

너를 사랑하는 것이
나를 사랑하는 것이라는 마음이지요

세상에서 가장 소중한 나를 있게 한 것은
바로 너라는 마음이지요

6.
소만 절기에
나뭇잎을 보면서

- 해님 품은 나뭇잎은 왜 예쁜가?
- 나뭇잎은 왜 초록색일까?
- 나뭇잎들은 무엇이 같고 다른가?
- 나뭇잎은 왜 하트 모양이 많을까?
- 나뭇잎이 하는 일은?
- 나뭇잎 속에는 무엇이 들어있을까?
  나뭇잎에는 무엇이 쓰여 있을까?
- 나무는 나뭇잎을 어떻게 만들었을까?
  잎차례, 잎 모양과 크기는?
  잎맥, 잎자루, 털, 톱니는?
  큰 잎과 작은 잎은?

갈라진 잎과 갈라지지 않은 잎은?
- 나뭇잎에 구멍은 왜 생겼을까?

7.
함께 생각해 보자

- 요즘 소만 절기 현상
○ 햇볕의 의미는 무엇인가?
○ 왜 해님(햇볕)을 품으면 예쁘게 보일까?
○ 다양한 나뭇잎을 통해 무슨 이야기를 해볼까?
○ 나뭇잎에는 무엇이 들어 있고, 어떤 글씨가 쓰여 있을까?
○ 나의 햇볕은 누구이고, 나는 누구의 햇볕인가?
○ 여름 절기 의미와 준비는 어떻게 해야 하는가?

- 소만 절기에
○ 나뭇잎은 무엇인가?
○ 햇볕밥그릇이란?
○ 왜 소만 때 잎을 가장 크게 키울까?
○ 왜 하트 모양의 잎이 많을까?
○ 잎과 애벌레와 새와의 관계는?
○ 나의 초록잎은 누구이며, 나는 누구의 초록잎일까?
○ 초록잎 마음이란?

망종과 하지 – 6월
햇볕은 쨍쨍 열매는 무럭무럭

1.
망종과 하지는
어떤 절기인가

망종(芒種, 6월 5일쯤) / 풀가을

망종은 뜨거운 기운으로 꽉 찬 절기다. 입춘이 끼어 있는 2월부터 5월까지는 들어오는 양기의 양이 점점 늘다가 망종부터 갑자기 배로 늘어나고, 하지 때 최고조에 달했다가 입추부터 차츰 줄어 입동부터는 배로 줄어든다. 망종부터 몸 안으로 유입되는 양기가 배로 늘게 되면서 기후 역시 크게 더워진다. 그래서 땀도 많이 나고 숨이 차서 힘든 일은 피하게 된다. 망종 즈음에 아침 온도가 20도로 올라가기 시작해 본격 더위가 시작된다.

　망종(芒種, 까끄라기 망)이란 벼, 보리 등 수염이 있는 까끄라기 곡식 종자를 거두고 뿌려야 할 적당한 시기라는 뜻이다. 망종은 풀들의 열매가 익어가는 '작은 가을'이라 부를 수 있다. 까끄라기

벼와 식물뿐만 아니라 봄에 일찍 꽃이 핀 냉이나 버찌를 비롯한 오디, 살구, 앵두, 자두 같은 나무 열매도 함께 익어가는 시기이기 때문이다.

이 시기 옛날에는 모내기와 보리 베기에 알맞은 때였다. 그래서 '보리는 익어서 먹게 되고, 볏모는 자라서 심게 되니 망종이요', '햇보리를 먹게 될 수 있다는 망종'이라는 말도 있다. '보리는 망종 전에 베라'는 말이 있듯이 망종까지는 모두 베어야 논에 벼도 심고 밭갈이도 하게 된다. 망종을 넘기면 바람에 쓰러지는 수가 많기 때문이다. 지금은 비닐 모판에서 모 성장 기간이 열흘 정도 단축되었기 때문에 한 절기 더 앞선 소만부터 모내기가 시작된다. 특히 모내기와 보리 베기가 겹치는 바쁜 농촌 상황은 보리 농사가 많던 남쪽일수록 더 심했고, 북쪽은 상황이 좀 달랐다. 남쪽에서는 이때를 '발등에 오줌 싼다'고 할 만큼 한 해 가운데 제일 바쁠 때였다.

- 보리 그을음

전남 지방에서는 망종날 '보리 그을음'이라 하여 아직 남아 있는 풋보리를 베어다 그을음을 해먹으면 이듬해 보리농사가 잘 돼 곡물이 잘 여물며 그해 보리밥도 달게 먹을 수 있다고 했다. 이날 보리를 밤이슬에 맞혔다가 다음 날 먹기도 했다.

- 망종보기

망종이 일찍 들고 늦게 듦에 따라 그해 농사 풍흉을 점친다. 음력 4월 내 망종 들면 보리농사가 잘되어 빨리 거둬들일 수 있으나 5월 망종이 들면 그해 보리 농사가 늦게 되어 망종에도 보리 수확을 할 수 없게 된다.

- 전남, 충남, 제주도에서는 망종날 하늘에서 천둥이 요란하게 치면 그해 농사가 시원치 않고 불길하다고 한다. 경남 도서지방에서는 망종이 늦게 들어도 빨리 들어도 안 좋다고 믿었다. 특히 음력 4월 중순에 들어야 좋다고 한다.
- 망종날 풋보리로 죽을 끓여 먹으면 여름에 보리밥을 먹고 배탈이 나지 않는다고 한다.

- 망종 절후 현상

초후에는 사마귀가 다니고, 중후에는 왜가리가 울기 시작하며, 말후에는 지빠귀가 울음을 멈춘다.

- 요즘 소만 절기 현상
- 자귀나무, 노각나무, 작살나무, 꾸지뽕나무에 꽃이 핀다.
- 까끄라기 달린 풀 열매 익어간다.
- 참나무, 느티나무, 단풍나무에 여름 잎이 돋아난다.
- 오디, 앵두, 살구가 익어간다. (초후)
- 잠자리(초후) 보이고, 털매미 보인다. (중후)
- 여름 철새 노랫소리가 자주 들린다. (초 중후)
- 운문산반딧불이 나타난다. (중후)
- 한낮에 30도 넘게 올라가는 날이 나타난다. (중후)
- 나팔꽃이 피기 시작한다. (말후)

하지(夏至, 6월 21일쯤) / 온여름(빛의 날)

하지는 해가 황도의 하지점을 통과하는 날로, 양기가 더할 수 없을 정도로 꽉 찬 절기다. 태양은 황도상에서 가장 북쪽에 위치하게 되는데, 그 위치를 하지점(夏至點)이라 한다. 북반부에서는 한 해 가운데 가장 낮이 길며 남중고도라고 해 정오 태양 높이도 가장 높고 태양으로부터 가장 많은 열을 받는다. 그리고 이 열이 쌓여서 하지 뒤에는 몹시 더워진다. 북극지방에서는 하루 종일 해가 지지 않고 남극에서는 수평선 위쪽으로 해가 나타나지 않는다. 동지에 가장 길었던 밤 시간이 조금씩 짧아지기 시작해 이날 가장 짧아지고 낮 시간은 약 14시간 35분으로 한 해 가장 길다.

소서부터 장마전선이 한반도에 동서로 걸쳐 큰 장마를 이루는 때가 자주 있다. 이때 맹꽁이가 왕성한 번식활동을 하게 된다. 남부지방에서는 단오를 즈음하여 시작된 모심기가 하지 전에 모두 끝나고, 장마가 시작되기도 하다.

또한, 참외와 수박이 나오고 햇밀과 보리를 먹고 채소가 풍족하며 녹음이 우거진다. 과일은 이때가 가장 맛이 나지만 비가 너무 많이 오면 단맛이 떨어진다. 특히 수박은 가뭄 뒤에 가장 제 맛을 낸다. 강원도에서는 아삭한 햇감자를 캐 먹는다.

- 기우제

옛날 농촌에서는 흔히 하지가 지날 때까지 비가 오지 않으면 기우제를 지냈다. 충청북도 단양군 대강면 용부원리의 예를 들면, 이장이 제관이 되어 용소(龍沼)에 가서 기우제를 지낸다. 제물로는 개나 돼지 또는 소를 잡아 그 머리만 물속에 넣는다. 그러면 용신(龍神)이 그 부정함을 노하여 비를 내려 씻어 내린다고 믿는다. 머리만 남기고 나머지는 기우제에 참가한 사람들이 함께 먹는다.

- 하지 절후 현상

초후에는 사슴뿔이 떨어져 나가고, 중후에는 매미가 울기 시작하고, 말후에는 반하 알뿌리가 생기기 시작한다.

*반하는 여름 중간쯤에 나온다는 뜻을 가진 식물로, 알뿌리는 구토, 담 치료제로 이용한다.

- 요즘 하지 절기 현상
  - 남부 지방부터 장마가 시작한다.
  - 비 내리고 맹꽁이 울고 알 낳는다.
  - 개망초, 능소화, 배롱나무, 싸리나무, 칡, 하늘말나리 꽃이 핀다.
  - 말매미, 참매미 등이 나타난다. (중후)
  - 팔색조, 호반새 보인다. (말후)
  - 꼬마호랑거미, 긴호랑거미 보인다. (말후)
  - 열대야 나타난다. (말후)
  - 아침 기온이 20도 넘게 올라간다. (말후)

절기 속담

〈망종〉

- 보리는 익어서 먹게 되고 볏모는 자라서 심게 되니 망종이요.
  (보리는 베어내고 모를 심는 때라는 말)
- 보리는 망종 전에 베라.

(망종까지는 모두 베어야 논에 벼도 심고 밭갈이도 하게 된다).

- 발등에 오줌 싼다
- 보리 패지 않는 삼월 없고 벼 패지 않는 유월 없다.
- 망종에는 불 때던 부지깽이도 거든다. (농번기로 매우 바쁘다는 말)

〈하지〉

- 밤꽃이 질 때면 장마가 시작된다.
- 원추리 꽃이 피면 장마가 오고, 꽃이 지면 장마도 간다.
- 하지에 비가 오면 풍년이 든다. 단오에 물 잡으면 농사 다 짓는다.
- 하지가 지나면 발을 물에 담그고 산다. ('논농사는 물 농사'라고 할 만큼 논에 물 대는 것이 중요한 일임).
- 하지가 지나면 오전에 심은 모와 오후에 심은 모가 다르다.
- 오뉴월 발바닥이 사흘만 뜨거우면 가만히 누워서 먹는다.
- 오뉴월 품앗이는 당일로 갚으랬다. 오뉴월 품앗이도 순서가 있다.

절기 시

- 망종 -

가시 같은 까끄라기 달린 열매가 익어가지요

입 뾰쪽한 가시 달린 모기가 나타나지요
고슴도치 같은 밤송이 나무 꽃이 피지요
햇볕도 점점 날카로워져 가시처럼 따갑지요
가시 있는 것들 제 모습 드러내는 망종이지요

- 하짓날 -

하짓날은 해님이 가장 오래 일하는 날
생명들은 하루 한 해 일생 동안
저마다 담아야 할 햇볕의 양이 있지요

해님은 생명들이 얻어야 할 햇볕을 셈하여
한꺼번에 쏟아내면 큰 탈이 생길까 봐
동짓날부터 아주 조금씩 땅에 내려놓지요

하짓날까지 땅에 가득 쌓아두었던 햇볕은
꽃서리 얼음꽃으로 피어 추운 겨울 올 때까지
온생명을 크게 키우고 알찬 열매 맺게 하지요

모든 생명은 해님에 속해 있지요
생명들의 몸은 햇볕으로 만들어서
그 생명 다하면 해님에게 되돌아가지요

- 햇꽃 개망초 -

타는 듯 불볕더위 쏟아지는 한여름
햇살보다 더 눈부신 하얀 개망초꽃
해 닮은 둥근 흰 빛살 노란 얼굴
개망초 그대는 당당한 대지의 햇꽃

벌레들 그늘 찾아 헐떡거리고
몇몇 풀꽃 겨우겨우 얼굴 내밀 때
온천지 새하얗게 가득 피우는
개망초 그대는 당당한 참 여름꽃

그대처럼 흔하고 흔하다는 것은
무엇보다 없어서는 안 된다는 것
흙 물 바람처럼 소중하다는 것
개망초 그대는 당당한 생명나눔꽃

2.
하지 행사

- 단오절(端午, 처음 닷새 의미)인 음력 5월 5일 창포로 머리 감기

단오는 순우리말로 '수리' 곧 높다, 위, 신(神)의 뜻을 가지고 있다.
단오절 놀이에는 널뛰기, 그네뛰기, 씨름, 탈춤, 쑥과 익모초

뜯기가 있다.

- 부채(단오선, 端午扇) 선물하기
부채에 받는 사람을 위한 그림이나 글을 쓴다.

- 하지제
하지 무렵 하지제를 해보자. 하지제는 입춘제 때 다짐했던 것들이 얼마나 지켜지고 있는지 점검해 보고 다짐해 보는 큰 매듭의 시간이다. 하지제에 즐거운 음악회, 제철 과일 먹기, 태양 상징하는 장신구(수호신) 만들어보기를 해보면 더욱 의미 있고 즐거운 시간이 될 것이다.

3. 까끄라기 식물은

이맘때 까끄라기가 있는 볏과 식물들이 노랗게 익어가는 것을 볼 수 있다. 농작물에는 보리, 밀, 호밀이 있고, 들풀에는 개밀류, 보리풀류, 빕새귀리류, 오리새, 바랭이, 큰김의털, 포아풀이 있다.

풀들의 까끄라기는 익기 전에 새나 쥐가 쉽게 먹지 못하게 하는 방어벽 같은 역할을 하고 익은 뒤 다른 동물 몸에 잘 달라붙어 멀리 이동하거나 땅에 잘 박혀 묻히도록 만들어졌다.

4.
농가월령가로 보는
옛날 망종 풍경

한 해 가운데 가장 바빴던 시절에 옛사람들은 어떻게 삶을 살았는지 농사월령가를 통해서 절기살이를 알아보자.

- 오월령가 -

(정학유-조선 헌종 때 문인, 1786~1885년 정약용의 차남
출처: 한국민족문화대백과사전)
*표는 밑줄 친 단어를 설명한 것임.

오월이라 중하되니 망종 하지 절기로다.
남풍은 때맞추어 맥추(麥秋)를 재촉하니 *보리가 익는 철
    *보리가 익는 철
보리밭 누른빛이 밤사이 나겠구나.
문 앞에 터를 닦고 타맥장(打麥場) 하오리라.
드는 낫 베어다가 단단이 헤쳐놓고
    *한단한단
도리깨 마주서서 짓내어 두드리니
    *흥을 내어. 도리깨질을 그렇게 한다는 것
불고 쓴 듯하던 집안 졸연(卒然)히 흥성하다.
    *갑자기
담석(擔石)에 남은 곡식 하마 거의 진하리니
    *작은 곡식 섬
중간에 이 곡식이 신구상계(新舊相繼) 하겠구나.

*새것이 낡은 것의 뒤를 이음(보릿고개를 넘긴다는 말)

이 곡식 아니려면 여름농사 어찌할꼬.
천심을 생각하니 은혜도 망극하다.
목동은 놀지 말고 농우(農牛)를 보살펴라.
뜬 물에 꼴 먹이고 이슬풀 자로 뜯겨

*자주

그루갈이 모심기 제힘을 빌리로다.

*이모작(二毛作)을 위한 근경(根耕)

보릿짚 말리고 솔가지 많이 쌓아
장마나무 준비하여 임시 걱정 없이하세

*장마 동안에 땔 나무

잠농(蠶農)을 마칠 때에 사나이 힘을 빌어
누에섶도 하려니와 고치나무 장만하소.
고치를 따오리라 청명한 날 가리어서
발 위에 엷게 널고 폭양(曝陽)에 말리니
쌀고치 무리고치 누른 고치 흰 고치를

*쌀고치는 희고 굵고 야무지게 지은 좋은 고치, 무리고치는 잘 짓지 못한 쌍고치

색색이 분별하여 일이분(一二分) 씨로 두고
그나마 켜오리라 자애를 차려놓고

*실을 감는데 쓰는 얼레

왕채에 올려내니 빙설 같은 실올이라.

*고치 켤 때 실을 뽑아 감아올리는 물레 비슷한 기구

사랑홉다 자애 소리 금슬(琴瑟)을 고루는 듯.

*거문고와 비파(두 악기가 서로 잘 어울림)

부녀들 적공(積功)들여 이 재미 보는구나!
오월 오일 단옷날 물색(物色)이 생신(生新)하다.
  *풍경 빛깔이 싱그럽게 새로워진다
오이밭에 첫물 따니 이슬에 젖었으며
앵두 익어 붉은 빛이 아침볕에 눈부시다.
목맺힌 영계 소리 익힘벌로 자로 운다.
  *목이 아직 트이지 않은 어린 수탉이 연습 삼아 자주 울어댄다.
향촌의 아녀들아 추천(鞦)을 말려니와
  *그네뛰기
청홍상(靑紅裳) 창포비녀 가절을 허송마라.
  *여자들이 이날 창포의 줄기로 비녀를 만들어 꽂는 것이 단오의 풍습
노는 틈에 하올 일이 약쑥이나 베어 두소.

상천이 지인(至仁)하사 유연히 작운하니
  *하느님이 지극히 인자하시어
때미쳐 오는 비를 뉘 능히 막을소냐.
처음에 부슬부슬 먼지를 적신 후에
밤들어 오는 소리 패연히 드리운다.
  *줄기차게 비가 쏟아진다.
관솔불 둘러앉아 내일 일 마련할 제
뒷논은 뉘 심고 앞밭은 뉘가 갈꼬.
도롱이 접사리며 삿갓은 몇 벌인고.
모찌기는 자네 하소 논삶기는 내가 함세.
  *모내기
들깨 모 담배 모는 머슴아이 맡아 내고

가지모 고추모는 아기딸이 하려니와
맨드라미 봉선화는 네 사전(私錢) 너무 마라.
   *부녀자의 사삿돈에서 온 말(제 욕심만 너무 채우지 말라는 뜻)
아기어멈 방아찧어 들바라지 점심하소.
보리밥 냉국에 고추장 상치쌈을
식구를 헤아리되 넉넉히 능을 두소
   *충분히 여유를 두다
샐 때에 문에 나니 개울에 물 넘는다.
메나리 화답하니 격양가가 아니던가.
   *농요(農謠)의 한 가지

5.
망종의
의미는

 망종 절기에는 나무보다 더 부지런하고 용기 있는 여린 풀들의 놀랍고 뛰어난 생명의 지혜를 배워야 한다. 흔히 여름 지나 가을에 모든 열매가 익어 가는 때라고 생각하지만 사실은 그렇지 않다. 망종은 작은 풀들의 가을이다. 까끄라기 달린 풀들의 열매가 익어가는 망종 절기는 또 다른 가을이 있음을 알려 준다.
 자기보다 훨씬 큰 나무들과 맞서지 않고 나무들이 꺼리는 추운 초봄부터 최선을 다해 열심히 살아온 작은 풀들의 강하고 단단한 생명의 힘이 망종 절기에 드러난다. 꽃피고 열매 맺는 때는

고정되거나 획일화되어 있지 않다. 생명은 저마다 자신의 속도대로
꽃피고 열매 맺고 익는다는 것을 보여준다. 타고난 운명을 탓하지
않고, 자신의 생명 속도대로 살며 남과 비교하지 않는 지혜로운
풀들이 우리에게 삶의 지혜를 가르치고 있다.

  겉보기에 여린 풀은 한살이가 짧고 씨앗 발아 조절능력까지 있어
환경 적응 능력이 뛰어나 나무보다 강한 삶을 살아가고 있다. 식물인
풀과 나무 가운데 풀의 종류와 개체수가 나무보다 훨씬 많은 것은
풀들의 강점이 더 많다는 뜻이다.

  모든 생명은 장단점을 함께 가지고 있다. 장점만 있는 생명도,
단점만 있는 생명도 없다. 생명이 함께 살아야 하는 이유도 서로의
장점을 나누고 단점을 보완하기 위해서이다. 생명의 지혜는 자신의
장단점을 인정하며 장점을 극대화하고 단점을 최소화하는 것이다.

  누구나 꽃피고 열매 맺는다. 봄에 피지 않으면 여름에는 피어나고,
여름에 피지 않으면 가을에는 피어나고, 가을에 피지 않으면
겨울이라도 피어난다. 죽지 않고 살아만 있다면, 자신의 생명
속도대로 살아간다면 언젠가는 꽃 피우고 열매 맺게 된다.

6.
한 알의 열매(씨앗)에 담긴
사실과 진실은

사실이란 겉으로 드러난 모습이고, 진실이란 드러나지 않는 삶의

관계다. 씨앗 하나는 눈에 보이는 것이 전부가 아니다. 한 알의 씨앗 속에 우주가 들어 있다는 것이 씨앗의 진실이다.

틱낫한 스님은 '어떻게 쓰레기 속에서 장미꽃 한 송이를, 장미꽃 한 송이에서 쓰레기를 볼 수 있을까'라고 물으며 다음처럼 이야기한다.

'쓰레기 속에서 나는 장미를 본다. 장미 속에서 나는 쓰레기를 본다. 모든 것은 몸을 바꿔 존재한다. 영원한 것마저 영원하지 않다. 향기로운 장미와 구린내 나는 쓰레기는 같은 존재의 양면이다. 하나가 없다면 다른 하나도 있을 수 없다. 우리가 영원하지 않음을 말할 때 모든 것이 몸 바꾸기 안에 있음을 이해한다. 깊게 바라보고 하나를 응시하면 그 안에서 모든 것을 보게 된다. 상호 연결과 모든 사물의 지속성을 볼 때 우리는 겉모습의 변화에 방해받지 않는다. 우리는 영원하지 않음 속에서 영원함을 본다.

우리가 꽃을 길게 바라볼 때 우리는 그것이 꽃으로 드러날 수 있도록 함께한 요소들을 보게 된다. 우리는 비로 나타난 구름을 보게 된다. 비 없이는 아무것도 자라날 수 없다.

우리는 손가락을 태우지 않고 태양을 만질 수 있다. 꽃은 빛과 함께 얽혀 있어야 한다. 구름과 비와 서로 안에 더불어 존재해야 한다. '존재한다'라는 말의 진정한 의미는 '더불어 어울려 존재한다'는 말이다.'

불가에서 모든 생명은 지수화풍(地水火風)의 인연으로 생겨났다고 한다. 그리고 그 인연이 다하면 다시 지수화풍으로 돌아간다고 한다. 모든 생명은 중중무진(서로가 서로에게 끝없이 작용하면서 어우러져 있는 현상의 모습을 이르는 말)이며, 생명그물망이라는 의미다. 줄탁동시(啐啄同時)가 생명 탄생의 비밀이다.

- 벚나무 아래 -

꽃이 진 벚나무 아래
무수히 많은 열매자루가 떨어져 있네요
수꽃가루 만나지 못한 암꽃들이네요

꽃 피었다고 모두가 열매 맺지 않고
열매 맺었다고 모두가 익지 않고
열매 익었다고 모두가 땅속에 묻히지 않고
땅에 묻혔다고 모두가 싹트지 않고
싹텄다고 모두가 나무 되지 않지요

벚나무 한 그루는 우연히 당연히 되지 않지요
우주 자연의 영겁 인연 맞아 빚어낸 생명이지요
나도 그렇고 너도 그렇지요
살아 있는 모든 생명 다 그렇지요

- 한 생명 -

저절로
태어난 생명 없고
우연히
살아가는 생명 없지요

한 생명이 태어나고
한 생명이 살기 위해서는
숱한 생명의 사랑 나눔과
숱한 생명의 죽음이 있어야 하지요

한 생명이 태어난다는 것은
온 우주가 함께 태어난 것이요
한 생명이 살아간다는 것은
온 우주가 함께 살아간다는 것이지요

그래서
이 세상 어느 한 생명도
귀하지 않은 존재 없고
놀랍지 않은 삶이 없지요

- 생명살이 -

홀로 살아갈 수 있는 생명 하나 없지요
수많은 너에 의해서 내가 살지요
나 아닌 너는 하나도 없지요
서로 함께 살아가야만 하지요
곧 너는 나이기 때문이지요

똑같이 태어난 생명 하나 없지요

타고난 자기 모습대로 살고 있지요
비교하거나 따라 살지 않아요
서로 다르게 살아가야만 하지요
오직 나는 나이기 때문이지요

7.
하지의 삶은

　동짓날 뒤부터 되살아난 해(양)의 기운이 점점 그 힘을 늘려 춘분 무렵에는 음기와 대등해진다. 그 뒤로는 음기를 밀어내고 하지에 이르러 양기가 극에 달해 완전히 음기를 지배하게 된다. 천지에 가득한 해의 기운은 한여름 더위로 변해 나무 열매에 들어가 자기 모양대로 키워내는 힘이 된다. 거침없이 쏟아지는 양의 기운은 자칫 우리 마음의 중심을 무너뜨리고 목표를 잃게 할 수 있다.
　여름에 내 맘과 몸을 건강하게 유지하기 위해서 기(氣)가 늘어지지 않게 해야 한다. 그러려면 모든 일에 긍정하는 마음으로 스트레스를 받지 않아야 하는데 실상은 쉽지 않다. 양의 기운이 걷잡을 수 없는 하지 뒤엔 어느 때보다도 더욱 깨어 있는 마음으로 자기 몸과 맘을 잘 살피고 챙기면서 무리한 욕심과 이기심을 내려놓는 비움의 삶을 살아야 한다.
　육식보다는 싱싱한 채소, 특히 쓴맛 나는 채소를 먹는 것이 좋으며, 피를 맑게 하고 혈액순환에 좋은 해조류도 자주 섭취하는 것이 좋다. 또한, 빠르게 걷기 같은 유산소 운동과 복식호흡도 좋다.

- 하심(夏心)에는 하심(下心)으로 -

걷잡을 수 없이
뜨거운 해의 기운이
온 천지에 가득한 하지 이후에
살아 있는 것들에게
정신없이 내달리게 하지요

앞으로만 밖으로만
쏟아내려는 하심(夏心)에
어느 때보다 여유를 품고
깨어있는 몸과 마음으로
하심(下心) 해야 하지요

8.
하지제

    하지는 입춘제 때 다짐했던 것들이 얼마나 지켜지고 있는지 점검해 보고 다시 다짐해 보는 중간 매듭의 시간이다. 더욱 뜨겁게 내뿜는 천지 양의 기운에 따라 정신없이 내달려 온 지난 삶을 잠깐 쉼의 시간을 통해서 돌아보자는 것이다.
    이러한 성찰 의미를 담아 하지제를 지내보자. 하짓날 시원한 그늘이나 밤에 제철 과일을 먹으며 하지 태양을 상징하는 장신구를 만들거나 작은 음악회도 열어 보자. 그리고 봄에 뿌린 씨앗이 얼마나 자라고 있는지 생각하고 이야기 나누어 보자.

9. 함께 생각해 보자

- 망종 절기에
- 풀 가을의 의미는 무엇인가?
- 까끄라기는 왜 있을까?
- 왜 풀은 먼저 꽃 피고 열매 맺는가?
- 왜 생명(삶) 시간은 서로 다른가?
- 한 알 씨앗(생명)의 진실은 무엇인가?
- 나는 어떻게 태어나고, 살아왔으며, 살아가야 할까?

- 하지 절기에
- 하지 절기는 어떻게 살아야 할까?
- 봄에 뿌린 씨앗은 얼마나 자라고 있을까?
- 왜 여름잎은 나는가?
- 더위와 여름의 의미는 무엇일까?
- 어떻게 해야 해님처럼 뜨겁게 살 수 있을까?
- 더운 여름 어떻게 보내야 할까?

소서와 대서 - 7월
더위야 더위야 뭐하니

1. 소서와 대서는 어떤 절기인가

소서(小暑, 7월 7일쯤) / 작은더위

작은 더위라는 뜻인 소서는 바야흐로 더위가 시작되는 절기다. 소서는 장마전선이 한반도 허리를 가로지르며 장기간 머물러 습도가 높아지고 많은 비가 내리는 장마철이다.

예전에는 하지 무렵 모내기를 끝내고 소서에 논매기를 했으나, 지금은 제초제를 뿌리거나 우렁이농법을 쓰면서 논의 김은 거의 매지 않는다. 팥, 콩, 조들도 가을보리를 끝낸 하지에 심고, 소서에 김을 매준다. 이때 퇴비를 장만하고 논두렁 잡초도 깎는다.

소서를 중심으로 본격 더위가 시작되므로 온갖 과일과 채소가 풍성해진다. 특히, 음력 5월 단오 즈음 밀가루 음식이 제맛을 낼 때라서 국수나 수제비를 즐겨 먹는다. 조상들은 더운 여름철 우리 몸을 보호하기 위해 차가운 성질을 가진 밀과 보리를 주식으로 삼았다. 채소로는 호박, 생선은 민어가 제철이다. 이 무렵 민어에 애호박과 고추장을 넣어 국을 끓여 먹는다. 애호박에서 절로 단물이 나고 한창 기름이 오른 민어와 어우러져 맵고 달콤하게 첫 여름 입맛을 상큼하게 돋운다.

- 소서 절후 현상
초후에는 더운 바람이 불어오고, 중후에는 귀뚜라미가 벽에 기어 다니며, 말후에는 매가 비로소 사나워진다.

- 요즘 소서 절기 현상
- 무궁화, 회화나무, 벽오동나무, 연꽃, 참나리 꽃핀다.
- 열대야 나타나고(초후), 폭염이 계속된다.
- 애매미, 말매미, 참매미, 쓰름매미, 유지매미 운다.
- 장마비 그친다. 태풍이 온다.
- 장수풍뎅이, 사슴벌레가 나타난다.
- 애반딧불이 나타난다. (초후)

대서(大暑, 7월 22일쯤) / 큰더위
대서(大暑)는 일 년 가운데 제일 더울 때라 큰 더위(한더위)라고 부른다. 대개 중복(中伏)이고 장마가 끝난다. 때때로 장마전선이 늦게까지 한반도에 동서로 걸쳐 있으면 큰비가 내린다. 뇌성벽력(雷聲霹靂)이 다부지게 소나기가 쏟아지기도 한다. 한 차례 비가 내리면 잠시 더위가 식기도 하나 다시 엄청난 뙤약볕이 뒤통수를 벗긴다.

　소나기가 한 차례 지나고 난 마당에 난데없는 미꾸라지들이 떨어져 버둥거리기도 한다. 이런 현상은 회오리 빗줄기를 타고 하늘로 치솟았던 녀석들이 비가 그치면서 땅으로 떨어진 것인데 지져 먹으면 기운이 난다고 했다.

- **대서 절후 현상**

　초후에는 썩은 풀이 변해 반딧불이가 되고, 중후에는 흙이 축축해지고 무더워지며, 말후에는 때때로 큰비가 내린다.

　*옛사람들이 썩은 풀이 변하여 반딧불이가 됐다고 한 것은 반딧불이가
　두엄 속에서 살고 있는 굼벵이라고 생각했기 때문이다. 그래서 반딧불이를
　개똥벌레라고 불렀다. 사실 반딧불이는 냇가나 습한 곳에서 달팽이나
　다슬기를 먹고 살며 두엄 속에서 살지 않는다.

- **요즘 대서 절기 현상**
  - 열대야, 폭염이 계속되고, 35도 넘는 고온이 자주 나타난다.
  - 폭우로 국내외 많은 사상자와 큰 피해 나타난다.
  - 상사화, 누리장나무, 계요등에 꽃이 핀다. (초후)
  - 도토리거위벌레 흔적이 보인다. (중후)
  - 중복부터 가장 더운 날이 나타난다.

절기 속담

〈소서〉
- 소서 때는 새색시도 모 심어라.

- 소서 때는 지나가는 사람도 달려든다.

〈대서〉
- 오뉴월 장마에 돌도 큰다.
- 염소 뿔도 녹는다.
- 더위에 장사 없다.
- 여름 장마는 황소 잔등에도 다르게 내린다.

절기 시

- 뜨거운 햇볕은 -

뜨거운 햇볕은
열매를 제 모양대로 키워내고

뜨거운 사랑은
생명을 제 모양대로 키워내지요

- 매미 -

메엠 메엠 메엠
메엠 메엠 메엠

수년간 긴긴 땅속 인고의 삶을 아느냐고
메엠 메엠 메엠

수일 잠깐 땅 위 꿈 같은 삶이 아쉽다고
메엠 메엠 메엠

짧디짧은 생명살이 허비 말라고
메엠 메엠 메엠

시끄럽다 남 탓 말고 네 삶이나 잘 챙기라고
메엠 메엠 메엠
부디 철들어야 한다고 아침부터 저녁까지
메엠 메엠 메엠

      - 요즘 더위 -

해마다 한여름에 찾아오는 무더위
수십 번 맞고 또 맞았지만
늘 태어나 처음 맞이한 것처럼
하루하루 견디기가 쉽지 않다
지구온난화 이상기후 때문이지요

이제 생활필수품이 되어버린 에어컨
집집마다 내뿜는 열기가 찜통도시 만들지요

언제까지 헉헉대며 참을 수 있을까요

더위는 여름 동안 모든 열매를
제 모양 제 크기로 만드는 큰 힘인데
온몸으로 맞으며 고마워야 하는데
이젠 정신까지 혼미해져 무섭기만 하네요

- 한더위 -

소서 초복 중복 대서 말복
더위들 떼로 줄줄이 몰아닥쳐도
아무도 더위를 인정하지 않고
악인 대하듯 피하고 짜증내고 외면하네요

한 생명이 생명다워지기 위해서
어떻게 해야 더위를 존중할 수 있을까요
어떻게 해야 더위를 완성할 수 있을까요
한더위 품에 안고 뜨겁게 헤아려봐야 하지요

- 언제 철들려나 -

입추도 지났건만
아직 찜통더위

가장 더웠다는 지난여름도
입추 지나고 열대야는 사라졌는데
사람 체온마저 넘겨버린
올 더위는 숨이 턱턱 막히네요

문제는 해마다 여름이
더욱 뜨거워진다는 것
제 열매 제 모양대로 키운다는
더위 의미조차 사라지는 것일까요

업보지요 업보지요
인간 스스로 지은
끝없는 인간 탐욕 때문에
모든 생명이 위태롭네요

더위가 단단히 화났나 보네요
더위가 더 이상 참을 수 없었나 보네요
활활 타오르는 지구를 보고도
아직 정신 못 차린 어리석은 인간들은

언제 철들까요
언제 철들까요

2.
여름의 뜻은

여름은 열절기라고 부르는데 두 가지 의미가 있다. 뜨거운 열의 계절이라는 의미와 열매가 열린다는 의미다. 본래 여름이란 말은 열매란 뜻이다. 열매란 말을 절기적인 의미로 풀이해 보면, '열(熱)인 뜨거운 더위(태양)가 뭉쳐 매달려 있는 것'이라고 할 수 있겠다.

열매를 제 모양대로 맺고, 제대로 키우고, 알차게 여물고 익게 하는 데 가장 중요한 것이 바로 햇볕(더위)이다. 그러므로 한여름 무더위는 열매를 키워내는 생명살이에 꼭 필요한 것이다.

그래서 여름은 봄에 꽃을 피워 만들어진 아기 열매 속에 뜨거운 더위(햇볕)를 조금씩 채워 제 열매대로(모양과 크기와 빛깔과 향기) 키워가는 열매의 절기다.

- 여름 -

여름은 생명을 키우는 계절
뜨거운 햇볕이 키우게 하고
세찬 비바람이 키우게 하고
숨 막히는 무더위가 키우게 하지요

자연은 온몸으로 여름 맞지요
뜨거운 햇볕을 반가워하고

세찬 비바람과 하나 되어
숨 막히는 무더위를 즐기지요

더운 여름은 있어야 하지요
여름은 여름다워야 하지요
그래야 열매를 제대로 키우고
그래야 열매가 알차게 여물지요

3.
더위의 종류는

　더위에는 무더위, 불볕더위, 땡볕더위, 가마솥더위, 찜통더위, 삼복더위가 있다. 무더위는 물과 더위를 합쳐진 말로 한증막에 있는 것처럼 덥고 습해서 푹푹 찌는 더위다. 불볕더위, 땡볕더위는 햇볕이 매우 강한 날 느껴지는 더위로 온도는 높지만 습도는 낮다. 햇볕만 피하는 그늘에 있으면 지낼 만하다.
　더위를 대하는 사람들의 모습을 통해 더위를 구별해보면, 먼저 더위를 피하는 피서(避暑), 더위와 싸우려는 투서(鬪暑), 더위를 이기려는 극서(克暑), 더위를 잊으려는 망서(忘暑)가 있겠다. 더위는 열매를 키우고 생명을 살리는 생명 에너지이기 때문에 더위를 즐기는 낙서(樂暑), 더위를 적극적으로 맞이해야 하는 영서(迎暑), 더위를 극진히 모셔야 하는 시서(侍暑)로 부를 수 있다.

4.
옛사람은 더위를 어떻게 즐겼는가

옛사람들은 한여름에 더위를 피하기보다는 잊거나 즐기는 방법을 택한 것 같다. 잊는다는 것은 마음을 고쳐 먹는 것이다. 마치 더위를 느끼지 못하는 양 마음을 다스리거나, 더위가 당연하다는 듯 당당하게 받아들이는 것이다. 일상생활에 더욱 집중하거나, 여름 더위가 있어야 봄에 맺힌 열매가 제 모양대로 크고 만들어진다는 의미를 분명하게 깨닫고 적극적으로 받아들이는 것이다.

옛사람들 여름 문화는 오늘 우리 실정보다 훨씬 질 높고 다양하다. 조상들은 눈, 귀, 코, 혀, 몸의 감각을 열어놓고 '오감'으로 즐겼다. 그것은 단순한 더위를 피하는 데 그치지 않고 오히려 힘껏 맞이하고 즐기는 것이었다. 낙서법(樂暑法)이라고 할까.

첫째, 눈으로 즐기기. 문에 대발이나 모시발을 쳐놓고 밖을 내다보면서 발 사이로 들어오는 시원한 기운을 눈으로 맞는 것이다. 요즘은 에어컨 덕택(?)에 문을 철저히 닫고 살게 되면서 가는 대발은 자취를 감췄다. 평상에서 별 보며 하는 피서도 있다.

둘째, 귀로 즐기기. 맑은 계곡물 흐르는 소리, 풍경소리, 대숲 바람소리, 솔바람 소리를 듣는다. 하다못해 집 주위 물웅덩이에서 서로 화답하며 울어대는 맹꽁이 소리나 이름 모를 풀벌레 소리도 찌는 더위의 정적을 깨는 훌륭한 피서감이었다. 다산 정약용은 여름 더위를 사라지게 하는 여덟 가지(消署八事) 가운데 하나로 숲속에서

매미 듣기(東林廳蟬)를 꼽았다.

셋째, 입으로 즐기기. 우물물에 담근 시원한 수박과 참외, 인동초로 만든 차나 더위지기로 만든 차가 있다.

*한방에서는 더운 여름에 한방차를 권하는데, 먼저 인삼과 오미자, 맥문동을 1:1:2로 넣고 다려 마시는 생맥산(生脈散)과 피를 맑게 해주고 콜레스테롤을 낮추는 감잎차, 피로를 풀어주고 눈과 머리를 맑게 해주는 결명자차, 치커리나 둥굴레차도 좋은데 뭐니 뭐니 해도 물을 충분히 마시는 것이 좋다고 한다.

넷째, 몸으로 즐기기. 등목, 냉수에 발 담그는 일, 평상에 삼베이불 덮고 자기, 죽부인 안고 자기, 죽베개 베고 자기, 얼음덩어리를 손바닥 가운데 두거나 젖꼭지 위에 올려놓고 부채질하기가 있다.

다섯째, 코로 즐기기. 싱그런 오이풀, 땅비싸리잎에서 나는 풀냄새, 모깃불 타는 냄새, 소나기 온 뒤 흙냄새, 햇빛 냄새(이불 말린 뒤 포송포송한 냄새)가 있다.

요즘은 과다한 에너지를 사용해 자연 생태계를 파괴하고 환경오염을 불러 악순환을 일으키고 있다. 또한 자연의 흐름을 거스르는 삶으로 더위를 충분히 받지 못하니 겨울철 감기에 쉽게 걸리고 부실하게 살아간다. 더위를 무작정 싫어하고 피할 게 아니다. 우리 옛 선인들처럼 자연의 흐름에 역행하지 않고 자연의 흐름 따라 더위와 추위를 있는 그대로 맞아야 한다. 어떻게 하면 더위를 인정하고 존중할 수 있을지 고민하면서 살아가야 한다.

- 미안한 여름 -

너무 덥고 습할 때는
자꾸만 더위를 피하고 싶지요
그러면 안 되는데
더위에게 미안하지요

너무 덥고 습할 때는
자꾸만 에어컨에 가고 싶지요
그러면 안 되는데
지구에게 미안하지요

5.
더위를
어떻게 이해해야 하나

더위의 의미는

뜨거운 여름 더위로 열매는 탐스럽게 익어가고 그 열매에 의지해 다른 생명들도 살아간다. 만약 더위가 없다면 풀과 나무들은 열매를 잘 키워내지 못하고, 그것에 의지해 살아가는 모든 생명은 살아갈 수 없다. 그러니 뜨거운 여름 더위가 우리와 모든 생명을 살아가게 함을 깨닫고 마음 다해 감사히 받아들여야 한다.

여름은 여름답게 겨울은 겨울답게 지내야 건강하다. 수백만 년

동안 진화과정에서 우리 인간은 여름엔 열기를 몸에 가득 담아
추운 겨울에 발산하고 겨울엔 찬기를 가득 담아 여름에 발산하면서
건강하게 살아가도록 설계됐다. 더운 여름에 땀을 많이 내야 몸에
쌓인 독소가 배출되고 털구멍이 열려 피부가 건강해진다.

우리 삶에서 열매를 제대로 키워내는 더위 같은 것은 무엇일까?
모두가 원하는 삶의 열매가 행복이라면 행복은 더불어 살아가는
아름다운 관계 속에서 만들어진다. 아름다운 관계 맺음의 바탕은
사랑이다.

그래서 한여름 뜨거운 더위는 우리 삶에서 다른 생명들과
함께 살아가고자 하는 뜨거운 생명사랑이며 생명나눔이다.
생명사랑이야말로 모든 생명을 낳고 키우는 최고의 힘이다.

모두가 싫어하는 여름 더위에 대해 도법스님은 《망설이지 말고
당장 부처로 살게나》에서 다음처럼 이야기하고 있다. '자연의 법문을
들을 줄 알아야 합니다. 여름 더위는 우리를 짜증스럽게 하고 귀찮고
불편하게 하지요. 여름 더위가 실제로는 무얼 하고 있나요. 우리에게
저 매미소리를 듣게 해주고 있습니다. 자연의 법칙과 질서가 세상을
존재하고 활동하게 하고 있습니다. 이것이야말로 진정한 법문입니다.
부처님 법문이 다른 게 아닙니다. 사람들이 자연의 법문을 듣지
못하고 알지 못하니까 부처님 당신이 그것을 발견하고 터득해서
사람들에게 설명해 준 것입니다.'

- 더위(署) -

더위는 피하는 것도 아니고(避暑)

더위는 싸우는 것도 아니고(鬪署)
더위는 이기는 것도 아니고(克署)
더위는 잊는 것도 아니지요(忘署)

더위는 즐기는 것이고(樂署)
더위는 맞이하는 것이고(迎署)
더위는 모셔야 하는 것이지요(侍署)

- 뜨거운 더위 1 -

여름에는
해님의 생명사랑이
뜨거운 더위로 변하지요

생명사랑 더위가
나무 열매에 들어가
제 모양대로 크게 키워내지요

그 생명사랑 열매는
벌레도 살리고 새도 살리고
나도 살리고 모두를 살리지요
뜨거운 더위는
모든 생명을 살리는
생명사랑이지요

그래서 여름은
뜨거워야 해요
정말 뜨거워야만 해요

더위 총량의 법칙

    더위에는 흐름이 있다. 더위가 생명들이 살아가는 꼭 필요한 것이라 해도 한꺼번에 쏟아줄 수 없다. 타거나 말라 죽을 수 있기 때문이다. 그래서 하늘은 햇볕을 봄부터 조금씩 내려주다가 점점 양을 늘려 하지 무렵에 최고로 내려준다. 그리고 가을이 되면 양을 줄이다 성장을 멈추는 겨울이 되면 그리 필요하지 않으니 아주 조금만 내려주는 것이다.
    사람이든 동식물이든 한 해 동안 건강하게 성장하는 데 꼭 필요한 햇볕의 양이 있다. 햇볕(더위) 총량의 법칙이라고 말할 수 있다. 이런 이유에 의해 정해진 양보다 조금이라도 부족하면 건강하게 성장하지 못하게 된다.
    더위나 추위도 똑같은 이치다. 만약 여름 더위를 제대로 받지 못하면 겨울에 건강하게 지낼 수 없고, 겨울 추위를 제대로 받지 못하면 봄이 되어 생명력을 발휘할 수 없다. 그래서 여름은 여름답게 덥게, 겨울은 겨울답게 춥게 보내야 절기를 제대로 보내는 것이다.

- 뜨거운 더위2 -

뜨거운 더위가

모든 생명을 살리는
생명사랑임을 알기에
더위랑 하나 되어 살 수 있지요

뜨거운 더위가
언제까지나 있지 않고
한때임을 알기에
더위랑 사이좋게 살 수 있지요

가장 더울 때는

  가장 더울 때는 여름 해가 가장 높이, 오래 떠 있는 하지일 것 같지만 그렇지 않다. 땅이 충분하게 달궈진 대서 무렵, 복날인데 특히 중복과 말복 사이가 가장 덥다.

  보통 해마다 7월 20일 전후로 하여 입추 전까지가 가장 더운데 요즘은 처서 전까지 무더위가 계속돼 절기상 입추는 희미해지고 있다.

  한여름 하루 최저 온도가 25도 이상일 때 열대야, 최고 온도 33도 이상 날씨가 이틀 이상 지속될 때 폭염주의보, 35도 이상 날씨가 이틀 지속될 때 폭염경보가 발령된다.

  가장 더운 때인 복날은 음력 6월에서 7월 사이로 첫 번째 복날을 초복(初伏), 두 번째 복날을 중복(中伏), 세 번째 복날을 말복(末伏)이라 한다. 초복은 하지부터 세 번째 경일(庚日), 중복은 네 번째 경일, 말복은 입추부터 첫 번째 경일이다.

  복날은 열흘 간격으로 오기 때문에 초복과 말복까지는 20일이

걸린다. 해에 따라서는 중복과 말복 사이가 20일 간격이 되기도 한다. 이런 경우 월복(越伏)이라고 한다. 삼복 기간은 여름철 중에서도 가장 더운 시기로 몹시 더운 날씨를 가리켜 '삼복더위'라고 하는 이유가 여기에 있다.

복날에는 보신을 위해 특별한 음식을 해먹는다. 개를 잡아서 개장국을 만들어 먹거나, 중병아리를 잡아서 영계백숙을 만들어 먹는다. 또, 팥죽을 쒀 먹으면 더위를 먹지 않고 질병에도 걸리지 않는다고 한다. 참외나 수박을 먹고 산간 계곡에 들어가 발을 씻으면서 더위를 피하기도 한다.

복날 시내나 강에서 목욕하면 몸이 여윈다고 한다. 이러한 속신 때문에 복날에는 아무리 더워도 목욕을 하지 않는다. 초복 날에 목욕했다면, 중복과 말복에도 목욕해야만 몸이 여위지 않는다고 믿었다.

복날에는 벼가 나이를 한 살씩 먹는다. 벼는 줄기마다 마디가 셋 있는데 복날마다 하나씩 생기며, 이것이 벼 나이를 나타낸다고 한다. 벼는 마디가 셋이 되어야만 비로소 이삭이 패기 시작한다고 한다.

6.
함께
생각해 보자

○ 더위에는 어떤 더위가 있을까?
○ 옛사람들은 어떻게 더위를 보냈을까?

○ 생태적인 여름나기는 무엇일까?
○ 더위가 왜 있을까? 더위가 없다면?
○ 왜 점점 여름이 길어지고 더워질까?
○ 나는 더위를 어떻게 맞이하고 있는가?
○ 기후 위기를 막을 수 있는 방법은 무엇일까?

입추와 처서 - 8월
열매 속에 차곡차곡 햇살 가득 채워 두자

1.
입추와 처서는
어떤 절기인가

입추(立秋, 8월 7일쯤) / 드는가을

입추는 여름이 지나고 가을이 시작되는 절기, 가을을 준비해 맞는 절기다. 이때부터 가을 채비를 시작한다. 최근 기후변화로 입추가 지나도 여전히 뜨겁고 열대야가 이어진다. 태풍 영향으로 잦은 소나기가 내리기도 하는데 여름내 달궈진 땅을 식히고 가을을 불러오는 의미가 있다. 더운 열기 속에 시원한 가을바람도 불고 잠자리도 많이 나타나 가을 기운이 느껴진다.

이때 김장용 무, 배추를 심고 10월 서리가 내리고 얼기 전에 거둬서 겨울 김장을 대비한다. 김매기도 끝나가고 농촌도 한가해지기 시작하니 '어정 칠월 건들 팔월'이라는 속담이 전국으로 전해진다. 이 말은 5월이 모내기와 보리 수확으로 매우 바쁜 달임을 표현하는

'발등에 오줌 싼다'는 말과 좋은 대조를 이루는 말이다. 입추에 고구마, 포도, 복숭아, 사과를 수확한다.

이 시기에는 벼농사와 관련된 속담이 많다. 특히 이때 벼가 패는 시기이므로 이와 관련된 속담을 먼저 발견할 수 있다. '입추 때는 벼 자라는 소리에 개가 짖는다'는 말도 있는데 벼농사에 관한 농민들의 감수성이 얼마나 민감한지 벼가 자라는 소리에 개가 짖는다고 했다. 비와 바람이 순조롭게 찾아오길 바라는 농민들의 절실한 바람이 담긴 속담도 있다. 옛날 동네 앞에는 솟대를 세워 우순풍조(때에 맞게 비가 내려주고 바람이 불어주는 것)를 기원했는데 모심을 때 비 오는 것과 입추 처서 때 비가 덜 오는 것, 그리고 태풍이 오는 8~9월에 바람이 적절히 부는 것이야말로 농사꾼들의 가장 큰 소망이었다. '입추에 동풍이 불면 풍년 든다', '입추에 비가 조금 오면 풍년든다', '입추 때 비가 와야 채소가 풍년 든다'라는 속담이 바로 그런 의미다.

그런데 이러한 농민들 바람에는 모순이 있다. 이때 비가 많이 오면 채소는 잘 되어도 벼농사는 잘 안 되기 때문이다. 예전에는 3~4월 보릿고개와 함께 칠궁(七窮, 음력 7월에 겪는 식량의 궁핍. 묵은 곡식은 떨어지고 햇곡식은 아직 익지 않아서 겪는 궁핍으로, 농가에서 가장 어려운 고비)이 가장 힘들 때였다. 그래도 보릿고개 때는 봄나물도 많고 보리이삭은 팬지 20일만 되어도 먹을 수 있었지만 칠궁에는 나물들도 쇠어서 못 먹고 벼이삭은 팬 지 40일 지나야 먹을 수 있었다. 칠궁이 민중 삶에 끼친 영향이 컸던 탓에 속담도 많다. 물론 '3일 굶으면 먹을 것 싸 들고 오는 사람이 있다'라는 긍정적인 속담도 있지만, 손님이 범보다도 무서웠다고 했으니 이때 농민들의 마음이 실감 나게 다가온다.

- 입추 절후 현상

　초후에는 서늘한 바람이 불어오고, 중후에는 이슬이 내리며, 말후에는 쓰르라미(매미)가 운다.

- 요즘 입추 절기 현상
  - 소나기 자주 내리고(8월 장마), 열대야 사라지기 시작한다.
  - 폭염경보가 자주 내린다.
  - 소나기 내린 후 가을바람 불기 시작한다.
  - 잦은 태풍과 폭우로 큰 피해 발생한다.
  - 일 년 중 가장 다양한 곤충들을 볼 수 있다.
  - 잠자리가 많이 보이고, 귀뚜라미 소리가 들리기 시작한다. (중후)
  - 일찍 익은 신갈나무 도토리 떨어진다. (말후)

처서(處暑, 8월 23일쯤) / 가는 더위

　처서 속담에 '땅에서는 귀뚜라미 등에 업혀 오고, 하늘에서는 뭉게구름 타고 온다'라고 할 만큼 처서는 여름이 가고 본격적으로 가을 기운이 자리 잡는 때다. 처(處)는 '쉬다 또는 머무르다'라는 뜻이 있고, 서(暑)는 '더위 또는 더운 계절'을 뜻한다. 더위가 쉬는 때니 바로 더위가 서서히 사라지는 때가 됐다는 말이다. '더위를 처분한다'는 뜻도 있는데 여름이 지나 선선한 가을을 맞이해 더위를 식힐 수 있다고 해서 붙여진 이름이다.

　처서가 지나면 따가운 햇볕이 누그러져서 풀이 더 자라지 않기 때문에 논두렁이나 산소 풀을 깎아 벌초했지만, 요즘은 늦더위로 계속 자라나고 있다. 옛날에는 여름 동안 장마에 젖은 옷이나 책을 햇볕에 말리는 포쇄도 했다. '처서가 지나면 모기도 입이 비뚤어진다'라는 속담처럼 파리와 모기의 성화도 사라졌지만, 요즘은 지구온난화로 처서가 지나도 모기는 여전히 극성을 부리다가 겨울이 되어서야 사라진다.

또한, 백중 호미씻이(세소연 洗鋤宴)도 끝나는 무렵이라 그야말로 '어정 칠월 건들 팔월'로 농촌은 한가한 때를 맞는다. 한편 처서에 비가 오면 장차 뜻하지 않은 재앙으로 흉년이 된다 해서 매우 꺼렸다. '처서에 비가 오면 독의 곡식도 줄어든다', '처서에 비가 오면 십 리에 천석 감한다'라고 한 속담이 영남, 호남, 제주 지역에서 전해지고 있다.

- 처서 절후 현상

초후에는 매가 새를 잡아 늘어놓고, 중후에는 천지가 쓸쓸해지기 시작하며, 말후에는 벼가 익는다.

*때에 민감한 새(맹금류)가 가장 먼저 겨울 준비를 한다.

- 중국〈시경〉에 귀뚜라미는 '7월 들에 있고, 8월 처마에 있고, 9월 문에 있고, 10월 우리 집 마루 밑에 들어온다'라고 했다. 일본에서는 옛날에 귀뚜라미 소리를 '바늘 찔러, 실 찔러, 누더기 찔러'라고 표현했다. 곧 추운 계절이 다가오니 옷을 준비하라는 통보라 여긴 것이다.

- 요즘 처서 절기 현상
• 천둥, 번개가 잦고 소나기도 자주 내린다.
• 뭉게구름 나타나고 청명한 가을 하늘이다.

- 매미 소리 줄어들고 풀벌레 소리 뚜렷하다.
- 늦반딧불이 나타난다.
- 소쩍새, 솔부엉이 소리 자주 들린다.
- 물봉선, 고마리, 나팔꽃, 붉나무 등 꽃핀다. (초후)
- 된장잠자리가 많이 보인다. (중후)
- 낮 평균기온이 20도 아래로 내려가기 시작한다. (중후)
- 일찍 익은 도토리와 밤이 떨어진다. (말후)

절기 속담

〈입추〉

- 어정 7월, 건들 8월
- 게으른 놈은 7월(음력)에 후회한다.
- 입추에 동풍이 불면 풍년 든다.
- 입추에 비가 조금 오면 풍년 든다.
- 입추 때 비가 와야 채소가 풍년 든다.
- 칠궁이 춘궁보다 더 무섭다.
- 칠월 사돈은 꿈에 볼까 무섭다.
- 육칠월 손님은 범보다도 무섭다.
- 3일 굶으면 먹을 것 싸 들고 오는 사람이 있다.

〈처서〉

- 땅에서는 귀뚜라미 등에 업혀 오고, 하늘에서는 뭉게구름 타고 온다.

- 처서에 비가 오면 항아리의 쌀(곡식)이 준다.
- 처서에 비가 오면 십 리에 천석 감한다.
- 처서가 지나면 모기도 입이 비뚤어진다.

절기 시

- 사라진 입추 -

지역마다 경쟁적으로 더위 다툼하고
연일 폭염 신기록 갈아 치우네요
양치기 소년 되어버린 기상청
더위 앞에 장사 없다는 옛말이
무섭도록 되살아난 16년 여름
열대야가 한 달째 기고만장이네요
입추는 도대체 어디로 가버렸나요

- 잠자리 -

잠자리 너는 어떻게
무려 3억 5천만 년 전에
가장 먼저 하늘을 날았고
어찌 생긴 그 모습대로 살았나요

잠자리 너는 어떻게
어릴 때는 물속에서 어른 때는 하늘에서
지구 모든 공간을 네 집처럼
어찌 네 맘대로 자유롭게 살았나요

잠자리 너는 어떻게
빠르게 느리게 아래로 위로 뒤로 제자리서
커다란 눈과 날렵하고 재빠른 날갯짓으로
어찌 작은 날 것들을 호령하며 살았나요

하지만 잠자리 너는
왕방울눈 크게 뜨고 한눈팔지 말아요
빼어난 재주 믿고 함부로 나대지 말아요
거미줄에 걸리고 사마귀에 먹히는 것은 숭고하지만
도깨비바늘 가시에 걸려 죽으면 가문 망신이 아닌가요

- 도토리거위벌레 -

참나무 아래
잎 매달린 도토리
여기저기 떨어져 있네요

막 여물어가는 도토리 깍쟁이마다
도토리거위벌레가 구멍 뚫고 알 낳아

혹여 알 다칠까 봐 도토리 잎가지 매단 채
낙하산처럼 살짝 떨어뜨렸지요
아직 설익은 도토리라
사람들이 주워가지 않겠지만
숲길 위에 떨어진 도토리는
사람들 발에 밟혀 으깨어져 있네요

어제도 오늘도
길 가다 떨어진 도토리들을
길가 저 멀리 밀어 놓았지요

도토리거위벌레야
앞으로 알 낳은 도토리들은
길 위 떨어지지 않게 조심하세요

2.
'입추(立秋)' 의미는

　앞서 절기를 어떻게 준비하고 맞느냐에 따라 내 절기가 되거나 반대로 절기는 절기대로, 나는 나대로 따로 살아가는 삶이 될 수도 있다고 했다. 봄이 왔으되 내 봄이 아니고, 여름이 왔으되 내 여름이 아닐 수 있다는 것이다.

입추는 스스로 가을을 미리 준비하는 생명에게만 자신의 가을이 되게 한다. 하늘, 곧 자연은 생명들이 살아갈 모든 최적의 환경을 만들어 놓는다.

가을은 밖을 향하던 마음을 안으로 돌리게 하는 계절이다. 가을을 준비하고 맞이하는 입추에 우리는 무얼 생각해야 할까?

가을은 열매를 잘 익히는 계절이다. 그렇다면 내 열매를 어떻게 익힐지, 무엇을 익힐지, 어떤 것이 잘 익은 열매라고 할 수 있는지를 알아야 한다.

- **입추 절기 가을 준비를 위한 물음**
- 가을은 어떤 절기인가? (가을 절기 의미)
- 열매란 무엇이며 왜 만드는가?
- 열매는 저절로 익는가 아니면 익히는 것인가?
- 열매 익게 하는 이슬의 의미와 나에게 이슬이란 무엇인가?
- 잘 익은 열매와 잘 익은 삶이란?
- 서리와 단풍의 의미는 무엇인가?
- 늙은이와 익은이 의미는 무엇인가?

3.
입추 때
농사는

안도현 시인은 〈입추〉라는 시에서 '아직은 여름 더위가 기승을 부리고 있지만 절기는 어디선가 조금씩 달라져간다. 다래 넝쿨은 색깔 고치려 미용실을 찾고, 백일홍은 늙어 기침을 해대고, 햇볕 병세도 약해지지만, 여름 왜가리는 한강을 아직 건너지 못해 그대로 있고, 성저십리(성밖 10리 안쪽 지역) 가을 소식도 없다. 그러나 연못은 가을 하늘이 가까이 오는구나'라고 이야기한다.

입추 무렵은 오곡백과가 익어가는 계절이다. 특히 벼가 한창 익어가는 때여서 맑은 날씨가 이어져야 한다. 조선시대에는 입추 지나 비가 닷새 이상 계속되면 조정이나 각 고을에서는 비를 멎게 해달라는 기청제(祈晴祭)를 올렸다 한다.

입추는 곡식이 여무는 시기이므로 이날 날씨를 보고 점친다. 입추에 하늘이 청명하면 만곡(萬穀)이 풍년이라고 여기고, 이날 비가 적게 내리면 길하고 많이 내리면 벼가 상한다고 여겼다. 또한, 천둥이 치면 벼의 수확량이 적고 지진이 있으면 다음 봄에 소와 염소가 죽는다고 점쳤단다.

'농가월령가' 가운데 입추를 노래한 '7월령'을 보면 가을이 성큼 다가와 있음을 실감한다. '칠월이라 맹추(孟秋.초가을)되니 입추 처서 절기로다 / 화성은 서쪽으로 흐르고 미성은 중천이라 / 늦더위 있다 한들 계절을 속일 쏘냐 / 빗소리도 가볍고 바람 끝도 다르도다.'

가을은 미진한 일을 마무리하고 겨울 준비를 서두르는 계절이다. 농가월령가에서는 베짱이 우는 소리를 깨쳐 듣고서 두렁 깎고, 벌초하고, 거름풀 넉넉히 베어 모아놓고, 장마를 겪었으니 의복을 매만지라고 농부들에게 이른다.

앞으로 밤에는 서늘한 바람이 불고 이슬이 진하게 내린다. 쓰르라미 울음소리도 커진다. 더위가 며칠 더 이어지지만, 가을을 시샘하는 노염(老炎)이고 잔서(殘暑)일 따름이다. 가을 낭만과

추억에 젖어들게 하는 이유이기도 하다. '어정 칠월, 건들 팔월'이라는 옛말은 아마도 시간을 헛되이 쓰지 말라는 경구일 것이다.

4.
입추 무렵
소나기 의미는

한여름 강한 햇볕으로 뜨겁게 달궈진 땅의 열기로는 선선한 가을을 맞이할 수 없다. 입추 무렵에 태풍 영향으로 잦은 소나기가 내리는데 이때 내리는 소나기는 여름내 뜨거운 땅을 식혀 곧 다가올 가을을 준비한다.

    단야의 시 〈소나기〉를 보면 '하늘도 덥다고 짜증을 부리더니 이내 비를 쫙쫙 쏟아붓습니다'라는 내용이 나오는데 잦은 8월의 소나기가 없으면 뜨거운 땅덩어리는 아주 오래도록 열기를 담아 가을 열매를 알차게 익혀줄 이슬과 서리가 내릴 수 없으며, 어쩌면 겨울도 더디 오게 할지 모른다.

- 8월 소나기 -

가을이 시작되는 입추가 지났는데도
무더위 불볕더위 가마솥더위까지

한여름 뜨거운 햇볕에 달궈진 땅 식을 줄 모르네요
이러다가 가을 오지 않을까 겁도 나네요
깊이 뿌리내린 나무 말고 살아날 것 없는 것 같았고
메말라 시들어버린 길가 풀잎들이 애처롭네요

우르릉 쾅쾅 우르릉 쾅쾅
천둥번개 벼락까지 세찬 비바람 몰아치니
하늘은 올해도 어김없이 가을 준비하시지요
더위 지쳐 쓰러진 생명들 일깨우며
곧 가을이니 정신 차리라고 알려주시지요

8월 소나기는 자상한 하늘의 손길이지요
8월 소나기는 가을 잘 세우라는 하늘의 죽비이지요

5. 가을 맞는 삶의 자세는

가을은 아쉬움이 참 많은 시기다. 가을이 되어 내 열매를 익히려고 보니 익힐 열매가 잘 보이지 않거나 형편없이 만들어졌음을 볼 수 있기 때문이다. 그래서 이 절기에는 지난 봄여름 동안 무엇 때문에 책임을 다하지 못했는지 헤아려야 한다.

지난여름 내 열매를 제 모양과 크기대로 성장시키지 못했다고 주저앉아 있으면 안 된다. 비록 부실한 열매일지라도 여름 동안 만들어진 열매를 숙성시키는 데 주력해야 한다.

입추에는 먼저 지난여름 내 삶의 열매를 맺고 키우기 위해 뜨거운 햇볕 같은 열정과 사랑의 에너지를 충분히 주었는지, 지금 내 삶의 열매는 어떤 모습인지, 내가 원하는 모습대로 키우고 있는지, 무엇이 더 필요한지, 어떤 열매가 좋은 열매인지, 좋은 열매로 익어가고 있는지 생각해야 한다.

잘 익은 열매를 떠올리면 누구나 가을절기에 그런 열매가 만들어진다고 생각한다. 하지만 좋은 열매는 이미 봄에 결정된다고 볼 수 있다. 더 정확히 말하자면 좋은 열매는 강하고 단단한 생명력 있는 씨앗으로 만들어내는 겨울에 결정된다는 것을 깨달아야 한다. 차디찬 엄동설한에 생명력을 얼마나 응축시켰느냐에 따라 새봄에 싹수가 결정되기 때문이다.

이처럼 우리가 가을에 만나는 결실은 이미 지난겨울에 시작하여 봄과 여름을 잘 보내야 만날 수 있는 것이다. 지난겨울과 봄과 여름을 생각하지 못하고 당장 눈앞에 보이는 가을만 걱정하면 좋은 열매, 잘 익은 열매를 얻을 수 없다. 그렇게 잘못된 절기살이를 해마다 반복하게 되는 것이다.

인생을 절기로 볼 때 마흔 즈음이면 가을이 시작됐다고 할 수 있다. 신영복은《담론》에서 '사십 이전에 꿈과 환상과 열정으로 열매를 만들고 사십 이후에는 만든 열매를 더 깊은 맛으로 숙성시켜야 한다. 사십 이후에도 계속 새로운 열매 만들기를 시도하는 삶이라면 아마 잘 익은 열매, 성숙한 삶을 얻기 어려울 것'이라고 말한다.

가을 인생은 다음과 같은 물음을 하고 살아야 한다. 내 열매는 얼마나 익었는지, 나는 누구와 어떤 열매를 나눌 것인지, 그리고 나누고 있는지.

6.
찬 이슬과 서리의 의미는

가을의 대표적인 절기 현상은 백로와 한로, 상강이란 이름에서 볼 수 있듯 이슬과 서리다. 찬 공기와 아직 덜 내려간 땅의 온도 차에 의해 이슬과 서리가 내리는데 이슬은 열매를 익히고 서리는 여름 초록빛을 가을 단풍빛으로 바꾸어 계절이 크게 바뀜을 알린다. 가을이라는 말도 이슬과 서리로 인하여 기운이나 색이 크게 바뀐다는 뜻이다. 이를 동양철학에서는 금화교역의 때, 즉 차가운 성질의 금(가을)과 뜨거운 성질의 화(여름)가 전환하는 시기라고 말한다.

여름 동안 뜨거운 기운으로 만들어진 열매는 찬 기운인 이슬을 만나 익힌다. 맛있는 과일이 기온 차가 심한 곳에서 만들어지듯이, 낮에는 뜨거운 햇볕을 쬐고 밤에는 찬 기운을 맞으면서 열매는 성숙해진다.

뜨거운 여름 더위를 통해 열매가 제 모양 제 크기대로 제 향기로 잘 크듯이 내 삶의 열매도 마찬가지다. 내 열매를 키우는 더위의 의미는 사랑과 열정, 응원과 칭찬 같은 것이지만, 생명들이 힘들어하는 이슬과 서리는 찬 기운으로서 삶의 고난과 역경이라 볼 수도 있다. 그래서 고난과 역경은 삶을 단련시키는 담금질이다. 내 삶의 열매도 쉽게 편안하고 안이한 자리에서 성숙하지 않음을 깨달아야 한다. 가을에 내리는 찬 이슬과 서리의 의미는 내가 원치 않는 어떤 어려움과 고통으로 내 열매를 잘 익혀주는 소중한 것이라 할 수 있다.

7.
삶의 열매 의미는

행복이란 열매는 어떻게 만들어지는 걸까? 대부분 부나 명예와 권력을 크게 이뤘을 때일 거라고 생각한다. 물론 그럴 때 행복을 느낄 수 있지만, 진정한 행복은 좋은 관계를 맺을 때 생겨난다. 아무리 많은 지식과 부와 명예를 이뤘대도 함께 나눌 사람이 없다면 그 많은 것들이 무슨 의미가 있을까?

신영복의《담론》에는 '사람은 누구나 한 발 걸음으로 살고 있다는 사실을 알아차리는 게 삶 공부의 첫걸음'이라고 말한다. 한 발 걸음으로는 오래 서 있을 수도, 멀리 갈 수도 없다. 사람 인(人) 한자 모양을 보면 알 수 있듯 다른 한 발을 찾아 어깨동무하며 가야 하는 것이 우리 삶이다.

나와 함께 걸을 동무를 찾는 것이 바로 관계(우정, 도반, 사우)다. 나의 한 발 걸음을 제대로 찾아 걸어가는 일이 공부이고 삶의 행복이다. 서로 힘이 되고 의지해야 제대로 서고 오래갈 수 있기 때문이다. 그래서 누구와 관계 맺고 사느냐가 내 삶의 열매를 결정하게 된다.

인생은 관계 맺음의 연속이다. 태어나서 죽을 때까지 늘 만남과 헤어짐이 계속된다. 내가 누구와 왜, 어떠한 관계를 맺고 사느냐에 따라 행복이 결정된다.

나는 지금 내 다른 한 발걸음을 찾았는가? 찾아서 제대로 걷고 있는가? 그렇다면 행복의 바탕이 되는 좋은 관계 맺음이란 어떻게 만들어지는가? 그 바탕은 사랑(생명)이다. 나무가 생명사랑의 힘인 햇볕에 의해 열매를 만들고 키우고 익히듯이 우리도 생명사랑의 삶으로 채워갈 때 좋은 열매가 만들어질 것이다. 열매를 준비하는 입추에 나는 생명사랑으로 살고 있는지 생각해 봐야 한다.

8. 함께 생각해 보자

- **입추 절기에**
  - 가을의 의미는 무엇일까?
  - 가을은 어떻게 준비해야 할까?
  - 여름 동안 열매는 어떻게 변했을까?
  - 열대야는 언제 사라질까?
  - 소나기는 왜 내릴까?

- **처서 절기에**
  - 처서의 절기 의미는?
  - 처서에도 모기 입은 왜 안 삐뚤어질까?
  - 지금 내 열매 모양과 크기는 어떤가?

○ 익힐 내 열매는 얼마나 있는가?
○ 무엇이, 어떻게 해야 열매를 잘 익히는가?

백로와 추분 - 9월
익히고 익어간다는 것은 무엇일까

1. 백로와 추분은 어떤 절기인가

백로(白露, 9월 7일쯤) / 맑은이슬

　백로에는 밤 동안 기온이 크게 떨어지며 대기 가운데 수증기가 엉겨서 이슬이 된다. 백로는 흰 이슬이 내리며 가을 분위기가 완연해진다 해서 붙은 이름이다.

　이때 장마도 걷히고 중후와 말후에는 쾌청한 날씨가 이어진다. 간혹 남쪽에서 불어오는 태풍이 곡식을 넘어뜨리고 해일 피해를 가져오기도 한다.

　백로가 음력 7월 중에 들기도 하는데 제주도와 전남 지역에서는 그러한 해에 오이가 잘 된다고 믿었다. 또한 제주에서는 백로에 날씨가 잔잔하지 않으면 오이가 다 썩는다고 믿었다. 경남(섬

지방)에서는 '백로에 비가 오면 십리(十里) 천석(千石)을 늘인다' 한다. 아침저녁으로 서늘한 가운데 한낮에는 초가을 늦더위가 쌀농사에 결정적 역할을 한다. 늦여름에서 초가을 사이 내리쬐는 하루 땡볕에 쌀 수만 섬이 증산된다고 한다. 여름 장마로 그간 못 자란 벼나 과일도 늦더위에 알이 굵어지고 단맛을 더하게 된다.

참외는 중복까지 맛있고 수박은 말복까지 맛있다. '처서 복숭아, 백로 포도' 하듯이 과실 맛으로 절기를 느끼곤 했다. 옛 편지 첫머리에 '포도순절(葡萄旬節)에 기체 만강하시고…' 하는 구절을 곧잘 썼는데, 백로에서 추석까지 기간이 바로 그 포도 계절이다.

백로 무렵 고된 여름 농사를 마치고 추수까지 잠시 일손을 쉴 때 가까운 친척을 방문하기도 하고, '반보기'라 해 아낙들이 시집과 친정 중간에서 친정 식구들을 만나 준비해온 음식을 나눠 먹으며 못다 한 정을 나눴다 한다.

동의보감에서는 백로에 내린 콩잎의 이슬을 새벽에 손으로 훑어 먹으면 속병이 낫는다고 한다.

- **백로 절후 현상**

  초후에는 기러기가 날아오고, 중후에는 제비가 돌아가며, 말후에는 새들이 먹이를 저장한다.

- **요즘 백로 절기 현상**
  - 안개 자주 끼고 이슬 내린다.
  - 고마리, 물봉선, 왕고들빼기, 이고들빼기, 미국쑥부쟁이, 서양등골나물 꽃이 한창이다.
  - 무당거미와 사마귀 많이 보이고 짝짓기한다.

- 아직 말매미 등 울고 늦털매미 소리 많이 들린다. (중후)
- 감 익고 은행과 도토리 떨어진다. (중후)
- 제비 날아가고 기러기 날아온다. (중후)
- 벚나무 단풍 든다. (중후)
- 아침 온도가 15도 이하 떨어지기 시작한다. (말후)

추분(秋分, 9월 23일쯤) / 온가을

추분은 천문학에서 태양이 북에서 남으로 천구의 적도와 황도가 만나는 곳인 추분점(秋分點)을 지나는 9월 23일경을 말한다. 이때 낮과 밤 길이가 같지만, 실제로는 태양이 진 뒤에도 어느 정도 빛이 남아 있으므로 낮 길이가 더 길게 느껴진다. 이 시기부터 낮 길이가 점점 짧아지고 밤 길이가 길어진다. 가을은 하루 평균 기온이 20도 이하로, 최고 기온이 25도 이하로 내려갈 때다.

추분도 다른 24절기와 마찬가지로 특별히 절일(節日)로 여겨지지는 않는다. 다만 춘분과 더불어 낮과 밤의 길이가 같으므로 이날을 중심으로 비로소 가을이 왔음을 실감하게 된다.

추분 즈음 논밭 곡식을 거둬들이고, 목화를 따고 고추도 따서 말리고 잡다한 가을걷이를 한다. 농사력에서는 이 시기가 추수기이므로, 백곡이 풍성한 때다.

한가위 보름달 만월인 추석 달은 음기를 상징한다. 고대 종교에서는 생식과 풍요를 상징하는 달의 여신을 숭배했는데 여성성은 정령 신앙인 토테미즘과 관련 있어 사람들에게 스스로 정령이 되는 의식을 치르게 했다는 이야기도 있다.

- 추분 절후현상

초후에는 우렛소리가 비로소 그치게 되고, 중후에는 동면할 벌레가 흙으로 구멍을 막으며, 말후에는 땅 위 물이 마르기 시작한다.

- 요즘 추분 절기 현상
  - 기러기가 계속 날아든다.
  - 땅에 떨어진 은행 열매 냄새 많이 난다.
  - 찬이슬 내리고 안개 자주 낀다.
  - 직박구리 같은 새가 익어가는 열매 먹는다.
  - 아직 늦털매미 소리 들리고, 배부른 무당거미 많다.
  - 계수나무 낙엽에서 향기가 느껴진다.
  - 설악산이 물들고 느티나무와 참나무도 단풍 들기 시작한다. (초후)
  - 용담, 산부추, 구절초, 꽃향유 같은 꽃이 핀다. (말후)

절기 속담

〈백로〉

- 백로 지나서는 논에 가볼 필요가 없다.
- 백로에 비가 오면 오곡이 겉여물고 백과에 단물이 빠진다.
- 백로 안에 벼 안 팬 집에는 가지도 말아라.
- 백로 전 미발이면 알곡 수확물이 없다.
- 백로에 비가 오면 십 리 천석을 늘린다. (백로에 비 오면

풍년 징조라 여겼다).
- 백로까지 핀 고추 꽃은 효도한다.
- 백로 아침에 팬 벼는 먹고 저녁에 팬 벼는 못 먹는다.
- 칠월 백로에 패지 않는 벼는 못 먹어도 팔월 백로에 패지 않는 벼는 먹는다.

  (팔월에 백로가 드는 해는 절기가 늦다는 뜻)

〈추분〉
- 덥고 추운 것도 추분과 춘분까지다.
- 마파람이 불면 호박꽃이 떨어진다.
- 가을에는 부지깽이도 덤빈다.
- 가을비는 빗자루로도 피한다.
- 가을비는 오래 오지 않는다.
- 가을 안개에는 곡식이 늘고, 봄 안개에는 곡식이 준다.
- 가을 부채는 시세가 없다.
- 가을비는 떡비다.

절기 시

- 이슬 노래 -

김동균 작곡, mbc 창작동요제 대상

호롱호롱호롱 산새 소리에 잠깨어 뜰로 나가니
풀잎마다 송송이 맺힌 이슬 아름다워

은쟁반에 가득 담아 아가 옷 지어볼까
색실에 곱게 끼워 엄마 목걸이 만들까
호롱호롱호롱 산새 소리에 잠깨어 뜰로 나가니
풀잎마다 송송이 맺힌 이슬 아름다워

호롱호롱호롱 산새소리에 잠깨어 뜰로 나가니
꽃잎마다 송송이 맺힌 이슬 아름다워
편지 속에 가득 넣어 해님께 보내볼까
햇살이 곱게 달아 구름에 메어 띄어볼까
호롱호롱호롱 산새 소리에 잠깨어 뜰로 나가니
풀잎마다 송송이 맺힌 이슬 아름다워

- 이슬 -

봄 이슬은
한겨울 꽁꽁 언 땅이
따뜻한 봄바람에 녹아내린 입김

가을 이슬은
한여름 열 받아 뜨거워진 땅이
찬 가을바람에 식어버린 땀방울

- 열매 -

봄날 꽃샘추위, 아지랑이, 포근한 봄바람이
여름날 세찬 비바람, 천둥번개, 뜨거운 햇볕이
가을날 고운 햇살, 짙은 안개, 찬 이슬이

흑진주처럼 빛나는 누리장나무 열매
작은 보랏빛 보석처럼 빛나는 작살나무 열매
붉은 구슬처럼 빛나는 청미래덩굴 열매를 만들었지요

- 열매는 생명이야기 -

열매는 희망 이야기
이른 봄 싹틔우고 꽃피우며
뜨거운 햇볕 강한 비바람에
열심 다해 최선 다해 살아가는 것은
자기 꼭 닮은 자식 얻고자 하는
어미의 강한 희망이지요

열매는 이어짐 이야기
어미와 자식의 이어짐
생명과 생명의 이어짐
어제와 내일의 이어짐
이곳과 저곳의 이어짐

열매는 모든 것을 이어주는
영원한 생명의 고리요 순환이지요

열매는 사랑 이야기
암컷 수컷의 사랑 속에서
풀 나무 곤충 새
뭇 생명들의 사랑 속에서
열매는 온갖 생명이 만들어낸
사랑밖에 모르는 사랑덩어리이지요

열매는 인연 이야기
햇빛 비바람 흙과 조화 이루고
모든 생명이 서로 만나지 못하면
어느 것 하나 제때
하나 되어 인연 맺지 못하면
생겨날 수 없는 열매는
아름답고 소중한 관계 맺음이지요

열매는 무위 이야기
모든 생명은 자기 나름의 생명 시간이 있고
각각 생명 시간이 서로 다르니
비교 분별 차별하지 말고
무리하게 억지로 조급해 말고
때 알고 때맞추어 물 흐르듯
내려놓고 비워놓고 그리 살라 하지요

열매는 살림 이야기
풀꽃나무는 자기 삶의 필요보다
언제나 더 많은 열매를 맺어
다른 생명들을 먹여 살리는
부처 같은 소신공양살이 하면서
열매는 서로 돕고 의지하며
함께 살아가는 생명나눔이지요

열매는 생명사랑 생명살이 이야기 주머니
생명 낳고 생명 기르고 생명 살리며
널리 널리 생명사랑 생명살이 이야기를 전하지요

내 열매엔 어떤 생명이야기 품고 있을까요
내 삶엔 어떤 생명이야기 전하고 있을까요
내 아이 열매엔 어떤 생명이야기가 담기게 할까요

2.
추분제를
지내보자

- 자연 속에 영글고 맺힌 것을 보고 나는 잘 영글고 있는지 물어본다.
- 입춘 때 쓴 소원이 얼마나 영글었는지 잘 맺혔는지 점검해 본다.

- 둥글게 둘러 앉아 눈 감고 자신의 삶을 살펴본다.
- 이야기 나눠보고 노래하거나 글을 지어본다.

 백로, 한로 같은 이슬절기를 맞아 이슬을 주제로 글을 지으며 절기 의미와 절기 감성을 키운다.

 '이슬은 밤새 풀잎나무들과 재미있게 놀다가 새벽이 되어 아쉬워서 달님이 진주목걸이를 걸어 준 것(김희동).'

 '날마다 아침 강변엔 이슬님이 풀잎에 앉았습니다. 풀잎은 이슬의 궁전입니다. 풀잎마저 없다면 저 예쁜 이슬이 어디가 자리 잡을까요?(김필규 시인)'.

 '해가 마셔버린 이슬방울《아이들에 온 마음을》'.

 '흰 이슬방울은 분별없이 내리네, 어느 곳이나(일본 하이쿠 시인, 소인)',

 '이슬은 빛나는 보석 눈망울을 가지고 있다. 그 눈만 팔면 부자가 되는데 마음 착해서 안 판다(안동 대성초 5학년 손후남).'

 '풀잎 끝에 영롱한 우주가 대롱대롱(초록지렁이)'.

3.
백로 추분 때
무엇을 물을까

 이슬 내리는 절기에 이슬이 우리에게 주는 이야기를 생각해 보자. 24절기 가운데 이슬에 관한 절기로 백로(白露)와 한로(寒露), 상강(霜降)이 있다. 이 '이슬 흐름'은 양기에서 음기로 주도권이 넘어가는 해님 기운의 흐름이 이슬이라는 형태로 드러났다는 데 의미가 있다.

《절기서당》백로 편에는 '양이 밤에 슬쩍 음과 통한 것이 흰 이슬(백로)이고, 추분을 기점으로 양이 음에게 주도권을 갓 넘겨준 모습이 찬 이슬(한로)이고, 마지막으로 음기가 득의양양하게 모습을 보여주는 게 서리(상강)'라고 표현한다. 즉 땅의 열기가 식고 하늘의 찬 기운이 강해지면 처음에는 물방울이 맺히는 것을 백로, 다음에는 찬 이슬인 한로, 그다음에는 물이 결정되어 서리가 생기게 되는 것을 상강이라고 부르는 것이다.

우리 삶도 봄과 여름 동안 밖으로 산만하게 펼쳐진 기운을 정리하고 자기 내면을 바라보며 기운을 응축시키고 자기 삶을 튼실하게 채우라는 의미다.

이와 함께 이슬과 서리는 머지않아 겨울이 다가올 거라고 생명들에게 알려주는 하늘 알람이다. 더위에 열매를 익히는 것은 이슬이라는 찬 기운이다. 뜨거운 기운이 사랑과 열정, 격려라면 찬 기운은 고통과 역경, 공부와 수행 같은 것이다. 고통 속에서 삶의 꽃이 피고 성숙한 삶의 열매가 만들어진다.

4.
백로,
익힌다는 것은

열매가 익는다는 것, 곧 성숙한다는 것은 무엇일까?《절기서당》은

'뜨겁고 따가운 태양을 온몸으로 견뎌내는 것. 그 성장통에 신음하는 것. 그리고 그걸 버틸 수 있는 것, 그리고 시작과 질주하던 때를 그리워하지 않고 다가올 한풀 꺾인 기운을 받아들이는 것, 그리고 조용히 다음을 준비하는 것'이라고 했다.

장석주 시인의 〈대추 한 알〉이라는 시를 보면 대추가 저절로 붉어지지 않고 태풍과 천둥과 번개가 붉게 했고, 대추가 저절로 둥글어지지 않고 무서리와 땡볕과 초승달이 둥글게 만들었다고 하였다. 서정주 시인이 '한 송이 국화꽃을 피우기 위해 봄부터 소쩍새가 그렇게 울고 천둥은 먹구름 속에서 그렇게 울었던 것처럼'이라 말했듯이.

사람도 마찬가지다. 나이가 들었다고 저절로 어른이 되는 것이 아니라 숱한 경험과 공부와 성찰들이 쌓여서 성숙해지고 온전한 어른이 되는 것이다.

5. 잘 익은 열매란

말랑말랑한 열매

잘 익은 감은 말랑말랑하다. 말랑말랑하다는 것은 부드럽다는 말이다. 잘 익은 감처럼 우리 삶의 열매도 성숙하면 말랑말랑해져야 한다. 부드럽고 포근하고 편안한 삶이어야 한다. 내 삶이 잘 익은 삶인지 아닌지는 내가 부드러워졌는지 아닌지를 통해서 알 수 있다.

이생진 시인은 사랑하면 가시도 솜털 같다고 말했다. 시인 말처럼 부드러운 사람, 말랑말랑한 사람, 편안한 사람, 포근한 사람은 사랑하는 마음으로 가득하다. 사랑이야말로 모든 걸 품고 녹이며 용서와 자비를 베풀 수 있기 때문이다.

안희진도 《장자, 21세기와 소통하다》에서 부드러운 사람이 되려면 다음 세 가지를 갖춰야 한다고 말한다. 첫째로 자기 신념을 고집하지 않고 열린 사고로 대할 것(비워라), 둘째로 정해진 답을 찾지 않으며 자신과 세계에 대해 물으며 끊임없이 새로운 것을 받아들일 것(부드러워라), 셋째로 다른 편을 배제하고 차별하고 억압하지 않도록 늘 경계에 설 것(경계에 서라).

부드럽고 말랑말랑한 사람이 되기 위해선 무엇보다도 고정된 자기 관념이나 선입견 없이, 일방적인 자기주장이나 기준 없이 늘 새로운 마음으로, 열린 마음으로 타인과 세상을 대해야 한다.

- 말랑말랑한 사람 -

늘 따뜻해야 하고
늘 여유 있어야 하고
늘 부드러워야 하고
늘 품어야 하지요

늘 새로워야 하고
늘 되새겨야 하고
늘 열려 있어야 하고

늘 만족해야 하지요

늘 아이여야 하고
늘 살아 있어야
말랑말랑한 사람이지요

제 빛, 제 향기를 가진 열매

  풀과 나무마다 각자 열매를 만들고 익힌다. 열매는 익으면 익을수록 점점 제 모양, 제 빛깔, 제 향기를 갖게 된다. 익은 열매인지 아닌지는 제 열매 모양과 빛깔과 향기를 지녔는지를 보면 알 수 있다. 우리 삶도 마찬가지다. 어렸을 때 거의 비슷한 모습으로 성장하지만, 나이 들수록 자기만의 삶이 드러나게 된다. 자기답게 사는 삶이 잘 익은 성숙한 삶이다.
  자기답게 살아가는 삶이란 어떤 삶일까? 타고난 자기 모습으로, 자기만의 빛깔로, 자기만의 향기로 살아가는 것이다. 그리고 자기만의 속도로, 자기 이름으로, 주체적으로 살아가는 것이다. 내 삶을 다른 사람과 비교하거나 차별하거나 분별하지 않고, 자연처럼 스스로 알아서 자기만의 이유(自由)로 살아가는 것이다.
  무엇보다도 나 자신을 아는 삶과 공부가 중요하다. 일본 시인 다나카와 순타로는 자기다움에 대해서 이렇게 이야기하고 있다. '누구나 큰 나무가 될 필요는 없다. 어디에도 없는 자기만의 나무가 되면 된다. 러면 누군가 그 나무를 찾아올 것이다. 화려한 꽃이 될 필요는 없다. 자기 고유의 꽃을 피우면 된다. 자기만의 꽃을 피우기 전에는 아무도 눈길을 주지 않는다'라고 말이다.

최진석의 《인간이 그리는 무늬》에서 '자기다운 삶을 살려면 실체 없는 '우리'라는 관념과 이성으로 사는 것이 아니라 실체 있는 나만의 생명력(욕망)으로 나만의 무늬를 그리며 나만의 결로 살아가야 한다'고 했다. 기존의 내 생각과 내 삶이 정말 내 것인지, 다른 사람 것을 내 것이라고 여기며 살아오진 않았는지 스스로 물어야 한다.

나는 지금까지 바람직한 일을 하면서 살았나? 아니면 바라는 일을 하면서 살았나? 해야 하는 일을 하면서 살았나? 아니면 하고 싶은 일을 하면서 살았나? 나는 좋은 일을 하면서 살았나? 아니면 좋아하는 일을 하면서 살았나? 열매를 익혀야할 가을절기에는 이런 질문을 깊이 되새겨야 한다.

- 뭣이 중할까요 -

나는 내가 되는 일이
가장 쉬울 것 같은데
왜 이리 어려울까요
왜 그럴까요

나는 나로 사는 일이
가장 중요한 것 같은데
왜 딴 사람처럼 살았을까요
왜 그랬을까요

정말 나는 나인가

정말 내 삶인가

가장 큰 화두 아닐까요

뭣이 가장 중할까요

맛있고 달콤한 열매

잘 익은 열매는 달콤하고 맛있다. 달콤하고 맛있는 열매는 누구나 좋아하며 찾아오게 한다. 익지 않은 열매는 풋내가 나서 먹으려고 하지 않듯이 사람도 마찬가지다. 설익은 사람은 아무도 좋아하거나 찾지 않는다.

옛말에 잘 익은 자두나무 밑에는 저절로 길이 생긴다고 한다. 맛있는 열매를 가졌으니 누구든지 먹기 위해 찾아오기 때문이다. 공자는 좋은 정치란 사랑(仁)을 지니고 가까이 있는 사람은 즐겁게 하고 멀리 있는 사람은 찾아오게 한다고(近者悅 遠者來) 말했다. 잘 익어 맛있고 달콤한 사람은 해님(나무)처럼 생명사랑(나눔) 농도가 강하고 충만하여 자신이 부르지 않아도 사람들이 저절로 찾아오게 된다.

나는 어떤 사람인가? 부르지 않아도 나를 찾아오는 사람이 얼마나 있는가? 내가 돈이나 명예나 권력이 있을 때만 찾아오는 사람인가? '당신이 있어 참 행복합니다', '당신은 있는 그대로 고마운 존재입니다', '나는 당신 때문에 살아갑니다'. 나는 이런 이야기를 얼마나 듣고 사는지 생각해 보자. 가장 잘 익은 사람은 '존재 자체가 선물'인 사람이다.

생명을 낳고 기르고 살리는 열매

잘 익은 열매는 때가 되면 절로 나무에서 떨어진다. 때가 되면 더 이상 나무를 고집하지 않고 새로운 생명을 잉태하기 위한 밑알이 된다. 덜 익은 열매는 땅에 떨어져도 새 생명을 태어나게 할 수 없다. 또한, 잘 익어야 다른 생명을 살릴 수 있는 밥이 된다. 익지 않은 열매는 다른 생명들이 먹지 않으며 먹어도 힘이 되지 않는다.

잘 익은 열매란 신영복《담론》의 '석과불식(碩果不食)', 이듬해 새로운 생명의 씨앗으로 남겨 큰 숲의 희망이 되게 하는 씨과실 같은 것이다. 잘 익은 삶이란 다른 이에게 살아가는 힘과 용기, 쉼과 위로, 희망과 미래가 되어주는 삶이며, 사람을 제대로 키우고 기르기 위해 거름 되는 삶이다.

무엇보다도 아이들을 기르고 살리는 부모와 교사는 누구보다도 잘 익은 사람이어야 한다.

- 무위자연 -

봄은 따뜻한 햇살로 추위 녹이고
온갖 싹 내고 꽃 피웠음에도
자기 아름다움으로 자랑하지 않고
무심하게 여름으로 넘기지요

여름은 뜨거운 햇볕 세찬 비바람으로
온갖 열매 제 모습으로 키웠음에도
자기 능력이라 내세우지 않고

미련 없이 가을로 넘기지요

가을은 부드러운 햇살과 찬이슬 머금고
탐스럽고 알찬 열매 익혔음에도
자기 바구니에 그대로 담지 않고
아쉬움 없이 겨울로 넘기지요

자연은 제때 제 할 일 다 하고
소유하려거나 집착하지 않기 때문에
영원히 사라지지 않고
늘 스스로 그러할 수 있는 것이지요

6. 열매는 어떻게 익어가는가

시간(과정)의 흐름으로

어느 것도 순식간에 익지 않는다. 꽃 피었다고 바로 익은 열매로 되지 않는다. 반드시 일정 기간이 필요하다. 그 익어가는 시간이 숙성(발효)의 시간, 자기다움이란 열매 맺는 시간, 되새김과 성찰의 시간이다. 맹자에 나오는 알묘조장(揠苗助長) 이야기처럼 조급한 마음에 익힐 새도 없이 억지로 익히면 썩어버린다.

아무리 과학기술이 발달하더라도 절대 시간을 단축할 수 없는 것이 있으니 그게 바로 인간의 성장과 성숙과정이다. 인간의 성장과 성숙은 반드시 일정 기간이 흘러야 가능하기 때문이다.

삶 속에서 얻어지는 진정한 즐거움은 나타난 성과보다는 이뤄가는 과정에서 느낄 수 있어야 한다. 행복한 과정이어야만 행복한 결과를 만들어낼 수 있기 때문이다.

수많은 인연으로

꽃이 피었다고 모두 열매로 맺어지지 않는다. 열매로 맺어졌다고 모두 끝까지 성장하지 않는다. 성장한 열매라도 모두 익지 않는다. 익었다고 해도 땅에 씨앗으로 떨어지지 않는다. 땅에 떨어졌다고 해도 모두 싹이 트지 않는다. 싹이 났다고 해도 모두 하나의 나무로 성장하지 않는다.

하나의 씨앗에서 나무가 되는 것은 우주 자연의 숱한 인연이 함께해야 한다. 그래서 한 알의 씨앗 속에 우주가 들어 있는 것이며, 생명은 곧 신비이고 경이로움이고 최고 선물이다.

유무상생의 힘으로

중국 시경에 '좋은 쇠는 뜨거운 화로에서 백 번 단련된 다음에 나오는 법이고(精金百鍊出紅爐), 매화는 추운 고통을 겪은 다음 맑은 향기를 발하는 법(梅經寒苦發淸香)'이라는 말이 있다.

익어가는 과정은 쉽게 거저 이루어지지 않는다. 그야말로 고난과 시련, 처절한 성찰과 고독의 시간을 통과해야 한다.

신영복은《처음처럼》에서 '우리는 아픔과 기쁨으로 뜨개질한 옷을 입고 저마다 인생을 걸어가고 있습니다. 환희와 비탄, 빛과 그림자 이 둘을 동시에 승인하는 것이야말로 우리의 삶을 정면에서 직시하는 용기이고 지혜'라고 한다.

《맹자》고자(告子) 편에서 '하늘이 장차 큰일을 내리려 할 때는 반드시 먼저 마음과 뜻을 괴롭히며, 그 힘줄과 뼈를 고달프게 하고, 그 몸과 삶을 굶주리게 하고, 그 생활을 곤궁하게 하며, 행하는 일마다 의지와 엇갈리게 한다. 이로써 마음을 분발케 하고 인내심을 강하게 해 지금까지 그가 능히 하지 못했던 일을 해낼 수 있게 하기 위함'이라고 말한다.

노자가 말한 유무상생이란 삶 속 모든 희로애락이 모두 내 삶의 한 부분이라는 뜻이며, 네가 있어 내가 있고, 너 때문에 내가 살아갈 수 있다는 말이다. 이러한 마음과 삶이 우리를 잘 익어가게 하는 것이다.

이 유무상생이라는 이야기는 노자 도덕경 2장에 나오는 말이다. 유무상생이란 뜻은 '있다 없다'라는 말이 아니라 상반된 의미를 가진 것들이 합하여 살리게 한다는 뜻이다. 열매가 온전히 익기 위해서 성장과 성숙의 과정이 필요하다. 열매의 성장은 뜨거운 여름 더위(사랑, 칭찬, 응원, 열정 등)가 있어야 하고, 열매의 성숙은 가을의 찬 기운인 이슬(고난, 역경, 시련, 실패 등)이 더해져야 한다. 열매에 더위만 있든지 찬 기운만 있으면 잘 익은 모습을 이룰 수 없다.

고사에 나오는 전화위복이란 말이나 불교의 보왕삼매론 이야기(몸에 병 없기를 바라지 마라. 병이 없으면 탐욕이 생기니 병고로서 양약을 삼으라 등)도 모두 유무상생의 원리로 이해할 수 있겠다.

- 서로 덕분에 살아 있네 -

나는 내가 만들고 너는 네가 만든다고 하지만
실은 나는 그대가 만들고 그대는 내가 만들지요

나는 그대에게 속해 있어야 하고
그대는 내게 속해 있어야 하지요

그대가 있어 나는 살고 싶고
내가 있어 그대는 살고 싶어야 하지요

끊임없이 묻고 또 물어야 할 말이 있지요
잊지 말고 늘 마음에 품어야 할 말이 있지요

나는 그대에게 누구이며 무엇인가요
그대는 나에게 누구이며 무엇인가요

- 천지 자연 -

천지 자연은
나면 죽게 하고 죽으면 나게 하지요
피면 지게하고 지면 피게 하지요
맺으면 떨어지게 하고 떨어지면 맺게 하지요
더우면 식게 하고 식으면 덥게 하지요

얼면 풀리게 하고 풀리면 얼게 하지요
비우면 채우게 하고 채우면 비우게 하지요
굳으면 부드럽게 하고 부드러우면 굳게 하지요

천지 자연은
하는 것도 없고 하지 않는 것도 없지요
변한 것도 없고 변하지 않는 것도 없지요
있는 것도 없고 있지 않은 것도 없지요
다른 것도 없고 다르지 않은 것도 없지요
홀로 있는 것도 없고 홀로 있지 않은 것도 없지요

천지 자연은
서로가 서로를 살리고 서로가 서로를 있게 하지요
하나가 여럿이 되고 여럿이 하나가 되게 하지요

7.
열매(씨앗)의
의미는

우주 생명기운(사랑) 덩어리

열매가 익을수록 빨갛게 되는 이유는 뜨거운 햇볕이 모여 있기 때문이다. 열매 속은 뜨거운 햇볕과 모든 생명의 사랑이 가득 차

있다. 인간도 부모의 사랑과 이웃의 사랑, 수많은 생명과의 사랑 속에서 온전하게 성장하고 성숙해진다.

무위당 장일순 선생은 《나락 한 알 속의 우주》에서 '우주가 하나의 씨앗이고 하나의 씨앗이 온 우주'라고 말했다. 그리고 '오늘날 과학이라는 게 전부 분석하고 쪼개고 비교해서 보는 건데 우리는 통째로 봐야 한다. 쌀 한 말도 우주의 큰 바탕, 배경이 없으면 생길 수 없다. 하물며 인간은 어떻겠는가. 아침에 일어나면 해가 벌써 떠올라 비춰주고 있고 이 맑은 공기가 숨을 쉴 수 있도록 해주고 있다. 만물이 있으므로 그리고 일하는 만민이 있으므로 모두가 한 몸으로 꿈틀거리고 있다. 모두가 이 한 몸을 지탱해주고 있다.'라고 했다.

모든 생명의 꿈

열매 속에는 그 열매를 만들기 위해 함께한 모든 생명의 바람이 있고 그들의 꿈이 있다. 도토리 한 알 속에는 도토리를 있게 한 자연의 모든 생명이 들어 있다. 그래서 도토리는 자신을 있게 한 모든 생명의 꿈을 꾼다. 도토리는 모든 생명의 꿈이다.

사람도 마찬가지다. 내 삶은 나를 있게 한 수많은 생명의 삶을 대신 사는 것이다. 그래서 내 삶은 내 꿈이 아니라 내 속의 수많은 생명의 꿈으로 살아야 한다.

- 도토리는 꿈 -

도토리는 꿈이어요

도토리 어미의 꿈이어요
모든 생명의 꿈이어요

도토리는 꿈꾸어요
어미 닮는 도토리나무를 꿈꾸어요
온갖 나무들 살아가는 커다란 숲꿈을 꾸어요
모든 숲 친구들 함께 살아가는 초록세상을 꿈꾸어요

도토리는 해와 달을 꿈꾸어요
도토리는 비바람을 꿈꾸어요
도토리는 다람쥐와 어치를 꿈꾸어요
도토리는 벌레 친구들을 꿈꾸어요

도토리는 꿈이어요
모든 생명의 꿈이어요
서로 함께 살아가는 아름다운 초록꿈이어요

8.
나이 든다는 것은

인생을 절기로 비유하면 가을절기는 나이 든 중년이라 할 수 있다. 가을 인생에서는 어떻게 나이 들어야 할지 생각해야 한다.

나이 든다는 것은 늙은이가 아니라 '익은 이'가 되는 일이다. 인간의 뇌 활동은 평생을 두고 계속 발달한다고 한다. 특히 50대 중반에 가장 활발하다고 하는데 이때 삶의 지혜와 통찰이 드러나기 시작한다. 일본에서는 지혜롭게 나이 든 사람들을 '광년자(光年者)'라고 부른다.

신을 신령스럽다고 한다. 신이 신령스러운 것은 죽지 않는 힘을 지녔기 때문이다. 자연에서 가장 오래 살아가는 생명체는 나무다. 수백 년 수천 년 동안 산다. 오래된 나무를 신목이라고 부르는 이유도 그래서다.

오래된 나무들에서 뿜어져 나오는 신령스러움은 다른 생명들의 영혼을 맑고 순수하게 해주며 깊은 울림을 준다. 그 신령스러움은 다른 생명들에게 최고의 힘이자 희망이 된다.

사람도 나이가 들면 신령스러워져야 한다. 노인일수록 생각과 마음의 깊이가 더해져 다른 사람을 더 많이 품고 안으며 살아갈 수 있는 사랑의 힘을 가져야 한다.

그렇게 나이 든 사람은 늙은이가 아니라 '익은이'다. 그래서 신령스러움은 잘 익었다는 말이다. 잘 익어간다는 말은 사랑의 품이 더욱더 크고 넓고 깊어지는 것을 말한다.

잘 익어가는 것은 먼저 사소한 일에 감사하는 것이다. '얼마나 운이 좋은가 올해도 모기에 물리다니'라고 말한 일본 하이쿠 시인처럼.

일본 시인 시바타 도요는 그의 시 〈약해지지 마〉에서 나이가 들어 일상의 사소한 일에 깊이 감사하는 삶을 노래하고 있다.

나이 아흔을 넘기며 맞는 / 하루하루 너무나도 사랑스러워
뺨을 어루만지는 바람 / 친구에게 걸려온 안부 전화

집까지 찾아와 주는 사람들 / 제각각 모두 나에게 살아갈 힘을
선물하네

　　다음은 지혜로워지는 것이다. 젊을 때는 용기가 필요하지만,
나이가 들면 지혜가 필요하다. 젊을 때 나무만 보고 숲을 보지
못했다면 나이 들어 숲도 보고 나무도 보는 지혜가 생긴다. 자기
말만 하던 때가 아니라 이제 내 입은 닫고 귀를 크게 열어 온 맘으로
들어줄 수 있는 아량이 생긴다. 왜 입은 하나고 귀는 둘인지 깨달아
사는 것이다. 그래서 나이 든다는 것은 남의 단점은 보지 않고
장점을 더 많이 본다는 것이다. 이처럼 지혜로운 노인의 모습을 일본
하이쿠 시인 료토는 '그것도 좋고 이것도 좋아지는 노인의 봄'이라고
노래했다.
　　다음은 편안해지는 것이다. 익어간다는 것은 자신에게도 남에게도
편안해지는 것이다. 자기 자신에게 조급함과 불안, 근심과 걱정
등이 사라져 편안한 마음으로 사는 것이다. 다른 사람과 함께 했을
때도 포근하고 편하여 더 오래 머무르고 싶고, 더 함께하고 싶고, 더
자주 찾아오게 하는 것이다. 편안하고 포근한 사람이 되기 위해서는
진심과 미소와 들을 귀가 있어야 한다.
　　다음은 깊어간다는 것이다. 익어간다는 것은 깊어가는 것이다.
깊어간다는 것은 잘 숙성(발효된)된다는 것이고, 용광로처럼 모든 것
녹여내는 것이다. 뿌리 깊은 나무와 샘이 깊은 물은 거친 비바람이나
태풍이 몰아쳐도 별다른 흔들림이 없다.
　　잘 익은 깊은 삶이란 어떤 일이나 환경이든, 자기감정이나
타인의 행동에도 동요 없이 자기다움을 잃지 않고 늘
여여부동(如如不動)하는 것이다. 맑은 고요함을 잃지 않는 모습이다.

공자가 말한 미혹함이 없는 삶이다.

　나의 정체성은 지금까지 내가 만난 사람과 내가 겪은 일이 모여 만들어진다. 즉 깊은 관계맺음을 통해서 잘 익은 삶이 만들어진다.

　그러면 나이 들어 잃어버리는 것은 무엇일까? 새로움과 호기심과 설렘이다. 어린 아이들은 끊임없이 묻는다. '왜 그럴까?' 세상에 대해 새로움과 호기심이 많아서다. 그런데 나이가 들어가면서 점점 묻지 않는다. 왜 그럴까? 어릴 때 가졌던 세상에 대해 경이로움과 놀람, 새로움에 대한 설렘과 호기심을 잃어버린 탓이다.

　인간 자신이 보고 듣고 안 것이 전부라고 생각하니 호기심을 잃게 된다. 아인슈타인은 '호기심이 늙지 않은 비결'이라고 하였다. 살아 있는 것은 늘 새롭고 변화한다. 새싹이 나지 않는 나무는 죽어버리듯이 새로움이 사라질 때 죽음이 오게 된다. 날마다 오는 오늘도 새날이기 때문에 새 맘으로 맞이해야 새롭게 살 수 있다.

　관계도 마찬가지다. 새로움이 사라지면 사이도 점점 멀어지게 되고 만다. 늘 처음 본 것처럼 새롭게 보아야 설렘과 즐거움과 간절함과 애틋함과 특별함과 그리움이 항상 살아 있게 된다.

　'어제도 그랬으니 오늘도 내일도 당연히 그럴 거야'라는 생각이 습관이 되면 할 말이 사라지고 서로에 관한 관심도 사라지고 결국은 틀에 박힌 그림자 관계가 되고 만다. 죽는다는 것은 새로움과 호기심이 사라지는 것이라고 볼 수 있다.

9.
함께
생각해 보자

- 백로 절기에
  ○ 왜 점점 이슬을 볼 수 없을까?
  ○ 백로와 한로의 차이는?
  ○ 이슬은 어떻게 생길까?
  ○ 이슬의 의미는 무엇인가?
  ○ 무엇이 열매를 잘 익히게 할까?

- 추분 절기에
  ○ 열매 의미는 무엇인가?
  ○ 좋은 열매, 잘 익은 열매란 어떤 열매인가?
  ○ 무엇이 열매를 잘 익히는가?
  ○ 잘 익은 열매는 어떤 모습인가?
  ○ 열매는 절로 익는가? 익혀야 하는가?
  ○ 나를 익게 하는 이슬은 무엇일까?
  ○ 지금 나의 열매는 어떤가?
  ○ 50대쯤 찾아오는 갱년기라는 인생의 절기는 어떤 의미인가?

한로와 상강 - 10월
열매 잘 익혀 나누고, 자기 빛깔 드러내고

1.
한로와 상강은
어떤 절기인가

한로(寒露, 10월 8일쯤) / 된이슬
 추분과 상강 사이에 든 한로는 공기가 차츰 선선해지면서 이슬(한로)이 찬 공기를 만나 서리로 변하기 직전 찬 이슬이 맺히는 때다. 찬 이슬 내리는 한로는 겨울 채비하라는 첫 번째 하늘 알람이고, 서리 내리는 상강은 겨울 채비 서두르라는 두 번째 하늘 알람이다.
 한로 즈음에는 기온이 더욱 내려가기 전에 추수를 끝내고 오곡백과를 수확한다. 농촌은 타작이 한창인 때다. 또한 한로에는 아름다운 가을 단풍이 짙어지고, 제비를 비롯한 여름새는 가고 기러기 같은 겨울새가 날아온다. 붉게 익은 감 몇 알을 까치밥으로 남겨두었던 고향 집이 그리울 때다.

한로는 세시명절인 중양절(重陽節: 重九)과 비슷한 때다. 양(陽)의 숫자 가운데 가장 큰 수인 9가 겹치는 중양(重陽, 9월 9일)이 바로 이즈음이다. 중양절에는 특별한 민속 행사(등고)가 있으나 한로에는 이렇다 할 행사는 없고, 다만 24절기로서 지나칠 따름이다. 하지만 한로 즈음 전후하여 국화전을 지지고 국화술을 담그며, 온갖 모임이나 놀이가 성행한다. 국화는 그 둥근 모양과 밝은색이 태양을 상징한다.

중양절에는 등고라는 중국 풍습을 그대로 답습했다. 그날에는 붉은 주머니에 붉은 쉬나무 열매(혹자는 산수유라고도 함)를 담아 팔뚝에 걸고 산에 올라가서 국화주를 마시며 재앙을 물리쳤다. 조선 인조 때 문신 최유해의 〈동사록〉에 따르면 '쉬나무 열매를 꺾어 머리에 꽂고 재앙의 기운을 물리치고 첫 추위를 막아달라고 하였다'고 한다.

선서(仙書)에 따르면 수유는 악귀를 물리치는 상징(벽사옹)이고 국화주는 장수를 상징(연장객)한다고 한다.

한로와 상강을 맞아 농사일에 소진된 농부들은 추어탕을 즐겼다. 《본초강목》에는 미꾸라지가 양기(陽氣)를 돋우는 데 좋다고 나와 있다.

- 한로 절후 현상

초후에 기러기가 초대를 받은 듯 물가에 모여들고, 중후에 참새가 큰물로 들어가서 조개가 되고, 말후에 국화가 노랗게 핀다.

*참새가 조개가 된다는 의미는 날이 추워지면서 새들은 활동이 크게 줄어 눈에 띄지 않는 반면 조개는 더 커져 갯벌에서 잘 보이는 탓이다. 시 같은 표현이다.

- 요즘 한로 절기 현상

- 무당거미와 사마귀 알집이 보인다. 아직 늦털매미도 보인다.
- 날씨 추워지고 모기가 집안으로 많이 들어온다.
- 설악산, 지리산에 첫얼음이 언다. (초후)
- 산국, 감국 같은 꽃이 핀다. (초후)
- 지렁이가 나와 죽어 있고 노린재류도 눈이 띈다. (중후)
- 아침 온도가 10도 아래로 떨어진다. (중후)
- 감과 대추가 익고, 도심까지 단풍 든다. (말후)
- 아직 산개구리, 두꺼비가 돌아다닌다. (말후)
- 서리 내리기 시작한다. (말후)

상강(霜降, 10월 23일쯤) / 찬서리

한로와 입동 사이에 든 상강에는 쾌청한 날씨가 이어지며 밤 기온이 매우 낮아지므로 수증기가 지표에서 엉겨 서리가 내린다. 계절이 크게 바뀌는 대전환의 절기이기도 하다. 여름철 초록잎들은 다양한 색으로 단풍 들고, 열매들도 완전히 익어 땅에 떨어진다. 곤충들을 비롯한 겨울잠 자는 동물들은 땅속으로 들어가거나 은둔처를 마련하고 새들도 활동이 줄어든다.

상강은 농경 시필기(始畢期, 처음과 끝)와도 관련된다. 9월 들어 시작된 추수는 상강 무렵이면 마무리된다. 이제 농사일은 다음 해 농사를 대비하는 잔손질만 남았다.

〈농가월령가〉 9월령에서는 '들에는 조, 핏더미, 집 근처 콩, 팥가리, 벼 타작 마침 후에 틈나거든 두드리세…'로 율동감 있게 바쁜 농촌생활을 읊고 있다. 지금은 농사기술 개량으로 이러한 행사들이 모두 한 절기 정도 빨라지고 있다.

- 상강 절후 현상

  초후에는 승냥이가 산 짐승을 잡고, 중후에는 초목이 누렇게
  떨어지며, 말후에는 겨울잠을 자는 벌레가 모두 땅에
  숨는다.

- 요즘 한로 절기 현상
  - 황새, 두루미 등 겨울 철새 찾아온다.
  - 서리 자주 내리고 안개도 낀다.
  - 기러기 계속 날아온다.
  - 가끔 지렁이 나와 죽어 있다.
  - 무당거미 알집 많이 보이고, 아직 노린재 등 곤충 보인다.
  - 설악산 첫눈 내린다. (초후)
  - 도심 가로수 단풍 절정이다. (중후)
  - 아침 영하 기온으로 떨어진다. (말후)
  - 내륙 산간 얼음 언다. (말후)

- 서리

  서리는 추운 새벽 맑은 하늘에서 땅 표면의 열이
  복사냉각으로 사라지고 온도가 내려감에 따라 발생하는
  기상 현상이다. 서리는 땅이나 땅 위 물체 또는 눈 위에
  생기는 결정체로 여러 가지 모양을 하고 있다.
  서리가 내린다고 말하지만 사실은 공중에서 내리는 것이
  아니라 눈에 보이지 않는 수증기가 지표면 위에서 얼음으로
  응결된 것이다. 공기 중에 작은 먼지 같은 것을 핵으로
  만들어지는 눈의 결정과 본질에서 같고 결정 형태도 눈과

같다. 가을에 처음 내리는 묽은 서리를 무서리, 늦가을에 되게 내리는 서리를 된서리, 나뭇가지 등에 생기는 서리를 수상(樹霜), 창문 등에 생기는 서리를 창서리라고 한다.

절기 속담

〈한로〉
- 한로 상강에 겉보리 간다.
- 모기는 중양절에 떡 먹고 죽는다.
- 중양고를 먹으면, 여름옷을 싸야 한다.
- 가을 곡식은 찬이슬에 영근다.

〈상강〉
- 상강에는 부지깽이도 덤빈다.
- 상강 90일 두고 모 심어도 잡곡보다 낫다.
  (남부지방에서는 벼 내기가 늦어도 잡곡보다는 논농사가 좋다는 의미)

절기 시

- 서리 -

서리는 살아 있는 끝에 오지요

나이 들어 머리가 새하얘지듯이
서리가 내린다는 것은
끝이 바로 눈앞에 있다는 것이지요

서리는 마지막 하늘 알람이지요
이슬이 여유 있는 봄 바람 같다면
서리는 다급한 봄 천둥소리이지요
바로 코앞에 겨울이 서 있으니까요

서리가 내리면 살아 있는 것들은
이제 정리와 준비를 해야 하지요
더 이상 머뭇거려서도 안 되지요
남은 햇볕은 한 줌밖에 없으니까요

잘잘못을 따져 가슴 치며 후회하고
새로운 삶을 살라는 것이 아니지요
지금 그대로 내 모습을 받아들이고
무엇을 남기고 나눌지 헤아려야 하지요

끝은 끝이 아니고 시작이어야 하지요
침묵의 겨울 속에서 새봄이 태어나듯이
밀알이 썩어야 새 생명이 태어나듯이
내 끝은 누군가의 시작이 되어야 하지요

인생길은 사전답사가 없다고 하지요

저승길 답사 간 사람 아직 안 왔다지요
삶의 끝자락에 내리는 서리 속에 담긴
하늘이 주신 서리 이야기 잘 새겨보아요

- 단풍잎 -

울긋불긋
형형색색
가을산 단풍은
하늘만이 그릴 수 있고
하늘만이 드러낼 수 있는
신비로운 하늘빛색

햇빛이 쌓이고 쌓여
이슬이 고이고 고여
서리가 주무르고 주물러
빚어낸 최고의 어울림

나무는 최고 순간을 집착하지 않고
미련 없이 아름다운 이파리를 내려놓지요
화려한 가을 단풍 뒤에
고독한 겨울이 곧 다가옴을 알기 때문이지요

겨울에는 누구나

찬바람 앞에서 알몸으로 서서
제 모습 깊이 바라보며
헤아려야 하기 때문이지요

- 발간 감 -

둥글고 탐스럽게
감나무에 매달린 발간 감을 보니
감이 해인 것을 알았지요

열매는 나무에 매달린 해
뜨거운 불덩어리 해가 가을엔
열매마다 가득 채워져 사라지니
겨울엔 추워진다 하네요

열매는 나무에 매달린 해
봄 되면 뜨거운 불덩어리
열매에서 다시 나와 꽃으로 활짝 피어
여름엔 뜨겁게 된다지요

- 가을 들꽃 -

깊어가는 가을 끝자락

햇볕 드는 길가에
허리 숙여 눈여겨보아야
겨우 볼 수 있는 가을 들꽃

화창한 꽃 계절 마다하고
햇볕 한 줌 남은 찬가을

있는 듯 없는 듯 내세우지 않고
늦나들이 벌나비 부르지요

2.
한로의 의미는

   한로가 되면 찬 이슬 찬 기운이 가을을 끝자락으로 조금씩 밀어낸다. 이제 한 줌 남은 햇볕과 시간이 아직 설익은 열매들에게 주어진 마지막 기회이기에 조금이라도 놓치지 않기 위해 안간힘을 쓰고 있다.
   이슬과 서리는 여름철 뜨거운 햇볕으로 만든 열매를 익히고 초록잎을 단풍잎으로 변하게 하는 천지의 기운이다. 뜨거운 열기인 양기가 이슬과 서리인 음기를 만나 점점 안으로 안으로 수렴과 응축의 과정을 거쳐 단단하게 되는 것이다. 이슬과 서리는 여름 동안 넓게 흩어졌던 생명의 뜨거운 기운을 식혀 깊게 안으로 모으고 쌓는 역할을 한다. 이슬과 서리로 인해 가을은 여름까지 밖으로 열려 있던 마음을 안으로 향하게 한다.

늦된 인생도 마찬가지다. 지나온 삶에서 잘 보았듯이 우리 삶은 순식간에 지나버리고 때는 나를 기다려주지 않는다. 이제 우물쭈물 망설이거나 다른 눈치 볼 여유가 없다. 이제 남은 삶을 보란 듯 당당하게 살아야 한다. 그래서 정말 해야 할 일보다는 하고 싶은 일을 하고, 좋은 일보다는 좋아하는 일을 하면서 나만의 열매를 만들어 모두가 좋아하는 향기와 맛으로 제대로 여물고 익혀야 할 절기다.

백로(묽은이슬)는 열매 겉을 익게 하는 햇볕의 힘이다. 초록 열매를 붉은 열매로, 딱딱한 열매를 말랑말랑한 열매로 변하게 한다. 한로(찬이슬)는 열매 속까지 익게 하는 힘이다. 열매를 달콤하고 맛있게 익히고 제 빛과 제 향기를 내게 하여 다른 생명과 나눌 수 있게 한다.

3. 상강의 의미는

상강은 가을의 절정, 겨울의 길목

상강은 사계절 가운데 가장 크게 변하는, 갈무리하는 절기다. 봄부터 여름까지는 양기를 통하여 무럭무럭 성장하는 계절이었으나 소멸과 침묵, 응축을 앞둔 겨울을 맞기 위해 대대적으로 전환하는 시기다. 상강 전까지 초록으로 가득했던 자연은 오색으로 변하고, 겉으로만 성장하던 열매도 속으로 익어간다. 상강의 대전환기 징후는 바로 서리와 단풍(낙엽)이다.

서리는 겨울에 사라지는 것들을 위해 정리할 기회를 내려주는 자연의 선물이며, 입동 전 겨울을 준비하라는 마지막 하늘 뜻이다. 하늘은 백로와 한로 때 이슬을 내려 머지않아 추운 겨울이 오고 있음을 알려준다. 아직 겨울을 알아채지 못한 생명들에게 마지막으로 알리는 신호가 상강 서리다. 서리는 겨울이 곧 다가옴을 깨닫고 만반의 준비를 하라는 하늘의 마지막 알람이다. 이것은 마치 춘분 때 아직 깨어나지 못한 생명들을 더 늦기 전에 깨우는 천둥번개 같다.

우리 인생을 사계절로 나눈다면 겨울은 나를 태어나게 한 부모 삶이고, 새로 태어나 봄 인생을 산다. 그리고 가을 인생으로 삶을 끝맺는다. 그러므로 가을 인생으로 삶을 끝맺는다. 그러므로 가을 인생에서 서리는 곧 다가올 생의 끝을 잘 마무리하라는 하늘 신호다. 어떻게 생을 마감할 것인지, 누군가의 밀알이 되고 겨울 같은 삶이 될 것인지 헤아려 죽음을 잘 준비하라는 하늘 소리다.

상강 때 삶의 자세

절정과 내려놓음의 계절인 가을이 되면 사람들은 누구나 아름다움과 쓸쓸함이란 상반된 감정을 경험한다. 울긋불긋 화려한 단풍 속에서 벅찬 환희를 느끼다 한순간 낙엽으로 떨어져 스러지는 허무함을 갖는다.

아름다운 단풍과 떨어지는 낙엽은 우리 인생, 아니 우주 자연 섭리를 단축하여 극적으로 보여준다. 다만 변화를 보는 관점이 중요하다. 변화를 소멸과 끝으로 볼 것인가? 아니면 새로운 시작과 준비로 볼 것인가?

　상강에 서리가 내리면 모든 초목은 성장을 멈추고 작은 동물들은 쉼을 준비한다. 멈춤은 끝이 아니라 새로운 생명을 준비하는 것이다. 겨울에 응축된 씨앗이 봄에 새싹으로 돋아나는 원리다. 겨울은 봄을 위해 있고, 봄은 여름을 위해, 여름은 가을을 위해, 가을은 겨울을 위해 있다는 것이 변화 순환하는 자연이 우리에게 들려주는 진실이다.

　우리는 모두 다음 생명을 위해 살아야 한다. 그것은 나의 사라짐이 아니라 또 다른 나로 새롭게 태어나는 것이다. 돌고 돌아 다시 회귀하는 것, 그래서 영원히 존재하는 것이 자연생명의 본래 모습이고 흐름이다.

　상강은 돌아봄의 시간, 성찰의 시간이다. 뿌린 대로 거둔다는 자연의 죽비소리를 마음에 깊이 새기며 고독 속에서 나를 돌아보게 하는 자연의 배려와 사랑이다. 상강을 어떻게 보내느냐에 따라 영원히 사라져 소멸하는 자가 될 수 있고, 새롭게 거듭 태어남의 기적을 행하는 자가 될 수도 있다.

　인생 무상함을 온몸으로 느껴지는 상강에 우리는 삶은 결국 돌고 도는 것임을 깨닫지 않으면 안 된다. 특히 가을 끝 절기인 상강을 닮은 노년은 변하지 않으려는 것, 나이 듦을 슬퍼하는 것, 자신 몸이 초라해지는 것, 주변 사람들이 하나둘씩 떠나가는 것을 고통스럽게 생각해서는 안 된다. 내 삶 속에서 주어지는 것들을 당당하게 받아들여야 한다. 그리고 내 삶에 큰 아쉬움과 부족함이 남아 있다면 너무 욕심부리지 말고 누군가를 통해 이뤄질 수 있도록 적극 도와주는 삶의 자세가 필요하다.

4.
단풍의
의미는

단풍이 드는 이유

단풍은 나뭇잎의 초록빛에 가려진 다양한 색이 드러난다. 봄여름 동안 초록색 엽록소에 의해 광합성 작용을 하다가 기온이 5도 아래로 떨어져 이슬과 서리가 내리기 시작하면 서서히 광합성작용을 멈춘다. 엽록소 생산이 끊기면 잎 안에 안토시아닌을 형성해 붉은색으로 변하고, 안토시아닌 색소를 만들지 못하는 나무들은 노란색이 나타난다. 카로틴이나 크산토필 색소가 두드러지면 투명한 노란 잎이나 다양한 색이 드러난다. 안토시아닌과 카로틴이 혼합되면 화려한 주홍색이 되는데 이것은 주로 단풍나무류에서 관찰할 수 있다.

단풍잎의 의미

첫째, 변화에 대한 신호다. 가을의 뜻은 '갈' 즉 '갈다, 간다, 바뀐다'라는 의미다. 가을은 봄여름 초록빛이 다른 빛으로 변하는 계절이며, 잎이 지고 눈이 내리는 겨울로 바뀌는 때다. 단풍은 변화를 알리는 신호다. 단풍은 우리에게 전혀 다른 계절인 겨울이 오고 있음을 알리고 겨울을 제대로 준비하라고 말해준다.

둘째, 화려할 때 떠나라는 뜻이다. 모든 것은 변한다. 영원한 것은 하나도 없다. 생명이나 삶뿐만 아니라 돈이나 권력 역시 무상하다.

그런 것들에 미련을 두거나 놓지 않으려고 할수록 추함밖에 남지
않음을 단풍이 말하고 있다. 사물은 성하면 반드시 쇠하게 되어 있다.
그래서 가장 화려할 때 자기를 고집하거나 집착하지 않고 내려놓는
것이 지혜로운 자의 태도다. 아무리 고집부리고 집착해도 그 어떤
것도 오래갈 수 없으니까 말이다.

그래서 단풍은 가장 화려할 때 미련 없이 자신을 내려놓고 오히려
다른 생명들의 먹이가 되거나 거름이 되고, 한겨울 추위를 막아주는
따뜻한 옷이나 잠자리가 된다. 이처럼 단풍은 끝까지 자기를 고집하지
말고 적당한 때에 다른 생명들을 위해 남은 삶을 살라고 이야기한다.

셋째, 삶의 진실을 읽어야 한다. 단풍잎은 나무의 일 년 삶의
기록이며 일기장과 같다. 단풍잎 안에 나무의 한 해 삶의 시간이
고스란히 담겨 있다. 봄의 꽃샘추위부터 뜨거운 햇볕, 세찬 비바람,
그리고 번개와 천둥, 찬이슬과 서리, 벌레 먹은 자리, 여러 가지
상처 같은 흔적이 새겨져 있다. 우리 삶도 마찬가지다. 완전무결한
삶은 없다. 멀리서 볼 때 부족함 없이 화려하고 빛나는 삶일지라도,
웃음소리가 그치지 않는 행복한 삶으로 보일지라도. 자신의 삶에서
일어나는 원하는 것이나 원치 않는 모든 것들을 내 것으로 받아들이는
자세가 필요하다.

넷째, 단풍은 자기 본색(정체성)이다. 봄 새싹부터 여름 동안
나뭇잎 색은 모두 초록색이다. 나뭇잎이 초록색인 것은 광합성
작용하는 엽록소가 초록색이기 때문이다. 다양한 단풍색이란 이슬과
서리에 의해 엽록소가 파괴되어 초록색이 사라지고 드러나는 나무의
본래 자기의 색이라고 할 수 있다. 즉 자기 본색이 드러나는 것이
단풍색이라는 것이다. 은행나무의 자기 색은 노란색이고, 단풍나무의
자기 색은 붉은색이고, 참나무의 자기 색은 노란 갈색이라는 것이다.

우리도 가을 인생이 되면 자기만의 고유한 본색, 즉 아우라가 드러나야 한다. 자기만의 빛깔, 자기만의 향기가 드러나야 한다는 것이다. 단풍 드는 가을에 나의 본색이 무엇인지, 나의 본색이 드러나고 있는지 생각해 봐야 한다.

- 삶의 제 빛깔 -

가을이 깊어지면
나뭇잎은 자기 빛깔 드러내지요

붉은빛으로
노란빛으로
주황빛으로
초록빛으로
갈색빛으로
붉노란빛으로

삶도 깊어지면
자기 빛깔 드러내야 하지요

내 삶 빛은 무엇인가요
자기 빛깔로 드러내고 있나요

- 나무 아래 -

(정가인/불암초 5, 출처: 〈모든 것이 시가 되어요〉 녹색교육센터)

나무는 겉보기에 싱그럽다
푸릇푸릇하다
멀리서 보면
잎은 모두 벌레 먹은 것 없이 깨끗하다
멀리서 본다면
하지만 나무 아래에서 보면 성한 잎이 없다
사람 같다
겉보기엔 멀쩡해도
마음이 아플 수 있으니까
나무는 사람 같다

단풍잎이 마르면 갈색으로 변하는 이유

별 의미 없는 자연 현상이라고 생각할 수 있지만 여기엔 깊은 의미가 있다. '흙에서 왔으니 흙으로 돌아간다'는 성경 말씀처럼 잎뿐만 아니라 땅에서 온 것들은 언젠가는 땅으로 되돌아간다.

땅 색은 갈색이다. 그러니까 생명의 마지막 색도 갈색이라 할 수 있다. 그래서 붉거나 노랗거나 온갖 색들로 화려하게 물든 단풍잎도 마지막에는 갈색으로 변하여 자기가 태어난 땅과 하나 되는 것이다. 이를 두고 노자는 도덕경 1장에 '출이이명(出而異名)', '태어나기 전에는 같은 이름이었으나 세상에 나와 이름이 달라졌을 뿐'이라고 말했다.

5.
단풍이
아름다운 이유는

단풍잎을 살펴보면 색도 모양도 모두 다르다. 빨간색도 무수한 빨간색이 있고, 노란색도 무수한 노란색이 있는데 우리는 단순히 빨갛고 노랗다고 뭉뚱그린다. 생명은 태어난 자기 모습을 잃지 않고 저마다 자기답게 살아갈 때, 더불어 살아갈 때 가장 아름답다. 단풍이 아름다운 이유도 마찬가지다. 서로 다른 색들의 다양성과 아름다운 조화 때문이다.

건강하고 아름다운 세상이란 개성과 다양성이 존중되고, 서로 연대와 조화를 이룬 사회다. 불행한 사회는 다양한 생각과 가치관을 무시하고 특정한 이념과 체제를 기준으로 하는 세상이다. 특히 자본주의는 기계처럼 돈만 벌면 된다 하고, 국가는 노예처럼 권력에 잘 순응하는 인간상을 가장 바람직한 기준으로 제시하고 그 기준과 틀에 맞춰 살라고 강요한다. 이런 세상은 오직 일등주의와 무한경쟁만을 부추기며 차별과 소외를 낳고, 서로를 밟고 죽이면서 하나의 기준만 강요하면서 살아가게 한다.

서로 다른 다양성을 인정하지 않고 오직 자신만을 섬기라고 주장하고 고집하는 것들은 무엇일까? 바로 우리가 신처럼 떠받드는 돈이며, 다른 신을 인정하지 않는 유일신, 그리고 국가주의다. 특히 돈은 오직 돈밖에 모르는 돈의 노예가 되도록 길들인다. 그래서 젊어서는 돈 벌기 위해 죽도록 고생하게 한 다음 늙어서는 돈벌이 때문에 병을 얻고 모아둔 재산을 병원비로 다 탕진하고 결국 돈 때문에 병들어 죽어가게 한다.

　　　- 행복은 -

행복은 한 가지 색이 아니지요
빨간색도 노란색도 하얀색도 아니고
파란색도 초록색도 검은색도 아니지요

때로는 붉게도 노랗게도 하얗게도 보이지요
때로는 파랗게도 초록으로도 검게도 보이지요
때로는 무지개색으로도 보이지요

그래서 행복은 모든 색이지요
모든 색이 모여 만든 빛이지요
하나의 색으로만 보이지 않는 햇빛처럼요

사랑도 마찬가지지요
인생도 마찬가지지요
이것만이라고 저것만이라고 말하지 말아요

행복은 어디에나 숨어 있으니까요
행복은 누구에게나 숨어 있으니까요
행복은 어느 때나 숨어 있으니까요

6.
함께
생각해 보자

- 한로 절기에

  ○ 한로 절기의 의미는 무엇인가?
  ○ '늙은이'와 '익은이'란 무엇인가?
  ○ 나이 들어 잃어버린 것들은 무엇인가?
  ○ 지금 나는 누구와 무엇을 어떻게 나누고 있는가?
  ○ 가장 잘 익은 열매란 무엇인가?
  ○ 나만의 열매는 있는가?
  ○ 누구나 나눌 수 있는 열매는 무엇인가?

- 상강 절기에

  ○ 상강의 의미는 무엇인가?
  ○ 단풍은 왜 드는가?
  ○ 서리 의미와 단풍의 의미는 무엇인가??
  ○ 왜 단풍이 아름다운가?
  ○ 나만의 색깔(본색, 정체성)은 무엇인가?
  ○ 상강 때 삶의 자세는?
  ○ 인생(삶)의 의미는 무엇인가?

- 올해도 어김없이 -

개구리가 하품하지 않으면 봄이 오지 않아요
벚꽃이 흐드러지게 피지 않으면 봄은 아니지요

밤꽃이 야릇한 향 내뿜지 않으면 여름이 오지 않아요
매미가 떼합창 내지 않으면 여름은 아니지요

뭉게구름이 두둥실 떠오르지 않으면 가을은 오지 않아요
기러기가 줄지어 찾아오지 않으면 가을이 아니지요

길가 낙엽이 뒹굴지 않으면 겨울은 오지 않아요
동장군 칼끝이 날카롭지 않으면 겨울이 아니지요

올해도 어김없이
개구리는 봄 부르고 벚꽃은 봄 단장하였지요

올해도 어김없이
밤꽃은 여름 풍기고 매미는 여름 소리 내었지요

올해도 어김없이
뭉게구름은 가을 태워왔고 기러기는 가을 내려놓았지요

올해도 어김없이
낙엽은 겨울 속삭였고 동장군은 겨울 호령했지요

언제까지일까요
언제까지일까요

제때 제 소리 드러낼 날들이

- 불편한 진실 -

생명 이해가 깊어질수록
생명 사랑은 커지고
불편함은 늘어가지요

불편함이 더 있어야
내 생각은 바꾸어지고
불편함이 더 커져야
내 삶은 바꾸어지고
불편함이 더 많아야
우리 세상은 바꾸어지지요

생명공부는 불편한 진실과 마주하는 것이지요
불편하지 않으면 살아있는 생명 아니지요
왜냐면 우리 세계는 생명 세상이 아니기 때문이지요

주요 참고도서와 자료

고미숙,《고미숙의 몸과 인문학》, 북드리망, 2019
김동철, 송혜경,《절기서당》, 북드라망, 2013
김승호,《주역인문학》, 다산북스, 2015
데이비드 월러스,《2050 거주 불능의 지구》, 김재경 옮김, 2020
데이비드 조지 해스컬,《숲에서 우주를 보다》, 노승영 옮김, 2014
도법,《망설일 것 없네 당장 부처로 살게나》, 불광출판사, 2011
법정,《산에는 꽃이 피네》, 류시화 역음, 동쪽나라, 1998
스테파로 만쿠소 외,《매혹하는 식물의 뇌》, 행성B, 2016
스티븐 헤로드 뷰터,《식물의 잃어버린 언어》, 나무심는 사람, 2005
신영복,《담론》, 돌베게, 2015《처음처럼》, 2016
안철환,《24절기와 농부의 달력》, 소나무, 2011
야마오 산세이,《애니미즘이라는 희망》, 김경인 옮김, 달팽이출판, 2002
이나가키 히데히로,《식물학 수업》, 장은정 옮김, kyra, 2021
장쉰,《고독육강》, 김윤경 옮김, 이야기가 있는 집, 2015
장영란,《자연달력, 제철음식》, 들녘, 2013
정민,《새문화사전》, 글항아리, 2014
조천호,《파란하늘 빨간지구》, 동아시아, 2019
최문영,《식물처럼 살기》, 사람의 무늬, 2017
최진석,《노자의 목소리로 듣는 도덕경》,《인간이 그리는 무늬》, 소나무, 2013
틱낫한,《꽃과 쓰레기》, 한창호 옮김, 도솔, 2012
포리스트 카터,《내 영혼이 따뜻했던 날들》, 조경숙 옮김, 아름드리미디어, 2009

참고 자료

김희동,〈절기달력〉, 통전연구소, 2015
생태환경문화잡지〈작은것이 아름답다〉, 2014. 12
문화관광부, 국립문화재연구소 예능민속연구실 자료
그밖에 인터넷 자료

생명살이를 위한 24절기 인문학
때를 알다 해를 살다 개정판

처음 펴낸 날 | 2019년 12월 20일
개정판 펴낸 날 | 2024년 5월 20일
지은이 | 유종반
기획 | 생태교육센터 이랑

펴낸이 | 윤경은
글틀지기 | 김기돈·정은영
글다듬지기 | 최세희
볼꼴지기 | 이혜연·퐁포레스트 앤드 포레스터
빛그림 | 유종반·김기돈·탑산·조정애·강인숙
박음터 | 평화당

펴냄터 | 작은것이 아름답다
나라에서 내어준 이름띠 | 문화 라 09294
터이름 | 02879 서울시 성북구 성북로 19길 15 3층
소리통 | 02-744-9074~5
글통 | 02-745-9074
누리알림 | jaga@greenkorea.org
누리방 | www.jaga.or.kr

ISBN | 979-11-973160-4-3(03470)

 표지 인스퍼에코 222그램, 내지 하이벌크 70그램으로
숲을 살리는 재생종이에 인쇄했습니다.

책값은 뒤표지에 있습니다. 잘못된 책은 바꿔 드립니다.

생명살이를 위한 24절기 인문학
때를 알다 해를 살다 개정판

유종반 지음

작은것이 아름답다